Norbert Höser | Torsten Pröhl (Fotos)

Die Vogelwelt der Altenburger Region

E. Reinhold Verlag

IMPRESSUM
Korrektorat: Roland Ludwig
Fotos: Torsten Pröhl (fokus-natur.com)
Satz und Layout: Ines Linke
Druck und Herstellung: PBtisk a.s., Dělostřelecká 344, 261 01 Příbram, Tschechische Republik, info@pbtisk.cz, www.pbtisk.cz

ISBN: 978-3-95755-099-6

Inhalt

Vorwort

Im Gebiet um Altenburg und nördlich davon zwischen der Weißen Elster und westlich der Pleiße bis zum südlichen Rand der Leipziger Tieflandsbucht erstreckt sich im Grenzbereich zwischen Sachsen und Thüringen die Ost-Thüringische Diluvialplatte. Ein ornithologisch mit langer Tradition gut untersuchtes Gebiet. Doch da es zwischen dem Erscheinen der Avifaunen für Thüringen (1986) und der für Sachsen (1998) zu größeren Grenzverschiebungen zwischen diesen beiden Bundesländern kam, konnten die vorliegenden Angaben nicht der tatsächlichen Datenlage entsprechend berücksichtigt werden. So gewinnt die hier vorgelegte Bearbeitung auf der Basis von Lebensraumtypen eine ganz besondere Bedeutung.

Das Gebiet liegt im Zentrum intensiver über 250-jähriger ornithologischer Feldforschung, getragen von der 1817 gegründeten Naturforschenden Gesellschaft des Osterlandes zu Altenburg, den Bauern-Ornithologen des Osterlandes wie auch in der zweiten Hälfte des 19. Jh. von den ersten mitteldeutschen Vogelschutzvereinen. Durch all diese Aktivitäten liegen fundierte Vergleichsdaten über die lokale Vogelwelt vor.

Die überwiegend guten lösshaltigen Böden der Ost-Thüringische Diluvialplatte werden seit Jahrtausenden ackerbaulich und in den Flussauen zur Weidewirtschaft genutzt. Die ursprünglich vorhandenen Waldlabkraut-Hainbuchen-Eichenwälder wurden bereits frühzeitig gerodet und die Flächen für Ackerbau, Viehzucht, Siedlungen und Verkehrswege genutzt. Das Gebiet ist ein Jahrtausende altes Kulturland, das die hiesige Bevölkerung mit seiner Fruchtbarkeit ernährte und ernährt. Doch diese Bodenfruchtbarkeit ist ein empfindliches Gut. Sie für nachfolgende Generationen zu erhalten ist unsere Pflicht und die hier lebenden Vögel sind empfindliche Gradmesser des Allgemeinzustandes der Natur.

Die heutige industriemäßige Produktion auf den Ackerflächen bei gleichzeitig hohem Einsatz von Pflanzenschutzmitteln und der Strukturverarmung des Offenlandes hat in den letzten 50 Jahren zu einer starken Verarmung unter den Insekten und Wildpflanzen und somit auch der Vogelwelt geführt. Zugleich förderten die weiten ausgeräumten Felder in den Wintermonaten den Einflug nordischer Wintergäste, die besonders auch von den großen Wasserflächen in der nördlich anschließenden Bergbaufolgelandschaft angelockt werden.

Land-, Forst- und Teichwirtschaft hatten und haben tiefgreifende Auswirkungen auf die Ausbildung der für diese Landschaft typischen Lebensräume und ihre Vogelwelt. Heute greift der Mensch durch den Bau von Windkraftanlagen mit Nabenhöhen von 160 bis 180 m zusätzlich in den bislang unangefochten von Vögeln bewohnten Luftraum ein. Alle diese Veränderungen haben Rückwirkungen auf die heimische Natur, insbesondere ihre Vogelwelt. Wollen wir dem Verlust an Biodiversität Einhalt gebieten, so müssen wir die Lebensräume unserer heimischen Vogelwelt kennen, vor schädlichen Einflüssen bewahren und sie zu erhalten trachten.

Dietrich von Knorre

◀ **1**
Kuckuck, männlicher Vogel.

1 Einleitung

Spezielle Kenntnisse von der Vogelwelt der Altenburger Region gibt es seit mehr als 250 Jahren. Schriftlich belegt ist, dass sie seither unter Gleichgesinnten vermittelt werden, so mindestens seit der Zeit der Altenburger Bauernornithologen (Hildebrandt & Heyder 1933) und als Christian Ludwig Brehm (1787–1864) die Teiche im Osterland besuchte.

Im Folgenden werden heutige Vogelgemeinschaften einiger im Gelände abgrenzbarer Lebensraumtypen der Altenburger Region beschrieben. So wird aus den großen Mengen vogelfaunistischer Daten, die seit den 1950er Jahren im Gebiet gesammelt wurden, schlaglichthaft eine Auswahl getroffen: In erster Linie sind Ergebnisse aus jenen charakteristischen Lebensraumtypen des Gebiets herangezogen worden, die im Laufe jahrzehntelanger vogelfaunistischer Beobachtung am intensivsten untersucht wurden oder besondere Bedeutung erlangt haben, weil dort ein ökologisch bedeutsamer Vorgang stattfand. Hinweise auf Literatur ermöglichen, Details des Beschriebenen zu finden.

Die typischen Vogelarten der beschriebenen Lebensraumtypen des betrachteten Gebiets wurden empirisch vergleichend anhand von Beobachtungen im Freiland ermittelt und mit vogelkundlichen Daten belegt, die mit gängigen Erfassungsmethoden gewonnen wurden (Vogelzählungen, Revierkartierungen und Brutnachweise). Einige Arten sind abgebildet. Ergebnisse der Revierkartierungen in drei Lebensraumtypen werden mitgeteilt (Tab. 1–3). Kriterien für ein kartiertes Brutrevier bzw. Brutpaar (BP) sind: revieranzeigendes Verhalten (z.B. Gesang), festgestellter Nestbau, nachgewiesene Jungvögel, fütternde Altvögel. Die Leitarten unter den Vögeln einer Brutvogelgemeinschaft des Lebensraumtyps werden genannt. Wir folgen weitgehend dem Leitartenmodell von Flade (1994) und nehmen daher im Rahmen unserer Beschreibungen folgende Begriffe auf:

Leitart: Leitarten sind jene Vogelarten, die in einem oder wenigen Lebensraumtypen signifikant höhere Stetigkeiten und in der Regel auch wesentlich höhere Siedlungsdichten erreichen als in allen anderen Lebensraumtypen. Sie finden in den von ihnen bevorzugten Lebensraumtypen die von ihnen benötigten Habitat-Strukturen und Requisiten wesentlich häufiger und vor allem regelmäßiger vor als in allen anderen Lebensraumtypen.

Lebensraumholde Art: Lebensraumhold ist eine Vogelart, die in einem bestimmten Lebensraumtyp ihre höchste Siedlungsdichte bei hoher Stetigkeit erreicht, wobei sie in anderen Lebensraumtypen mit ähnlich hoher Stetigkeit siedelt.

Steter Begleiter: Art mit hoher Stetigkeit ihres Vorkommens (> 80 %).

Lebensraumtyp: Strukturell in sich ähnlich gestaltete Landschaftsausschnitte von mehreren oder vielen Hektar Größe, die eine eigene Vogelgemeinschaft beherbergen. Lebensraumtypen, die ähnliche Leitartengruppen der Vögel aufweisen, werden zusammengefasst.

Die Nomenklatur der vorgestellten Vögel (Register der deutschen Namen: S. 129f) folgt der Artenliste von Barthel & Krüger (2018). Eine Liste der 324 Vogelarten Thüringens einschließlich des Altenburger Landes veröffentlichten Rost & Grimm (2004).

◀ **2**
Steinkauz, ehemals Charaktervogel der Region.

2 Altenburger Region

2.1 Altenburger und Ostpleißnisches Lösshügelland

Das hier betrachtete Gebiet liegt zwischen Weißer Elster und Zwickauer Mulde. Es ist im Wesentlichen der östliche Teil des Altenburg-Zeitzer Lösshügellands (Bernhardt et al. 1986), beginnt im Norden am südlichen Rand der Leipziger Tieflandsbucht und endet im Süden am nordwestlichen Rand des Erzgebirgsbeckens. Im Osten erreicht es den Rand des Mulde-Lösshügellands. Das Kerngebiet unserer Darlegung, in Höhenlage von etwa 145–350 m ü. NN, umgibt die Städte Altenburg, Frohburg, Schmölln und Meuselwitz. Es besteht im Wesentlichen aus zwei Teilen (Abb. 1 in Lehmann 1973), aus dem Altenburger Lösshügelland westlich der Pleiße und aus dem Ostpleißnischen Lösshügelland, das zwischen Pleiße und Zwickauer Mulde liegt. Im Norden wird es durch den südlichen Randstreifen des planaren Leipziger Landes ergänzt. Damit hat das betrachtete Gebiet eine um ca. 30 % größere Fläche als der heutige Landkreis Altenburger Land. Seit ca. 200 Jahren ist es das traditionelle Beobachtungs- und Exkursionsgebiet der vogelkundlich Interessierten dieser Region.

Hier, im Vorland des Erzgebirges, lag das betrachtete Gebiet im Randbereich der weichseleiszeitlichen Kontinentalvereisung, d. h. im Periglazialraum südlich der nordischen Eiskalotte der jüngst vergangenen Weichseleiszeit, wo Frostverwitterung und Lössbildung vorherrschten und Lössdecken aufgeweht wurden. Seither sind diese Lössdecken das Substrat der Bodenbildung im betrachteten Gebiet (Haase et al. 1970, S. 119 ff.). Am nördlichen Rand des Gebiets bestehen diese Decken aus Sandlöss und ab der Lössrandstufe und im südlich anschließenden Kerngebiet aus dem besonders erosionsgefährdeten Normallöss und gehen bei Höhenlagen über 280 m ü. NN in Lössderivate über. Die Böden um Altenburg sind Löss-Parabraunerden, die Grundlage der ertragreichen altenburgischen Landwirtschaft. Die mit der Höhenlage ansteigenden Niederschläge führten im südöstlichen Teil des Gebiets zu Pseudogley-Parabraunerden und Pseudogleyen.

Nach dem Rückzug des Eises trat die natürliche Wiederbewaldung des Gebiets ein, die in Buchenmischwäldern, mit Eiche in tieferen Lagen, und dem Übergang zu den erzgebirgischen Buchenwäldern montaner Lagen mit Tanne gipfelte. Ihre letzte natürliche Vegetationsphase erreichten diese Wälder in der Zeitspanne ca. 4500–1000 Jahre vor heute (Kaiser et al. 2023). Seit fünf Jahrtausenden erfolgten hier die schrittweisen Eingriffe des Menschen, d. h. die Gestaltung der Region zur Kulturlandschaft. Es kam zu Rodungen und forstwirtschaftlicher Prägung von Wald, zur Inkulturnahme des Bodens, zu dörflichen und städtischen Siedlungen und zu Industrieanlagen. Aus großflächigem Abbau von Braunkohle, Sand und Kies resultierte besonders im nördlichen Teilgebiet eine Bergbaufolgelandschaft mit Kippenflächen, Bergbauseen und Stauseen.

Die wesentliche Vegetationslandschaft, der nahezu die gesamte Fläche des hier vorgestellten Lösshügellands auf standörtlich-vegetationskundlicher Grundlage zugeordnet wird, sind die Waldlabkraut-Hainbuchen-Eichenwälder. Im nördlichen Gebietsteil gehören sie zur Ausbildungsform mit Zittergrassegge, am nordwestlichen Rand zur Ausbildungsform mit Winterlinde (Schmidt et al. 2002). Die Talsohlen von Pleiße, Wyhra (Wiera), Sprotte, oberer Schnauder und den Bächen sind Teile der Vegetationslandschaft der Erlen-Eschen-Auen, ein kleiner Teil am Unterlauf der Schnauder gehört zu den Hartholzauen. Im Pleißetal bei Windischleuba stockt auf jungem Sediment im Bereich des Stauseegeländes ein

◀ 3
Feldfluren, Grünland und Feldgehölze als vorherrschende Lebensräume des Altenburg-Zeitzer Lösshügellands.

Weichholz-Auenwald, in welchem die Hohe Weide die vorherrschende Baumart ist. Die seit zwei Jahrhunderten forstwirtschaftlich in die Wälder eingebrachten künstlichen Nadelholzbestände, die bis weit ins 20. Jahrhundert stellenweise vorherrschten, werden gegenwärtig großenteils durch Aufforstungen von Laubmischwald verdrängt. Ungefähr 95 Prozent der betrachteten Gebietsfläche sind heute nicht bewaldet, sondern überwiegend Agrarfluren, Siedlungen und Verkehrswege. Enormer Wandel ist seit Mitte des vorigen Jahrhunderts in den Agrarfluren eingetreten. Die ehemals kleinräumige, zumeist einzelbäuerliche Bewirtschaftung wurde von industrieller Landwirtschaft ersetzt. Diese Wirtschaftsweise brachte monotone, große binnenstrukturlose, erosionsgefährdete Agrarflächen von geringer Kulturenvielfalt. So fielen zahlreiche Feldwege, Feldraine, Feldhecken und Habitatinseln weg und der überwiegende Teil des zuvor naturnahen Auengrünlandes wurde in Ackerfläche umgewandelt. Daraus resultierende hochgradige Lösserosion manifestierte sich in rascher Verlandung des Pleiße-Stausees, der 1968/69 erstmals entschlammt wurde. Durch massiven Einsatz von Pflanzenschutzmitteln und Bioziden wurden die für viele Vogelarten wichtige Samenproduktion der Ackerwildpflanzen und die Insektenproduktion in der Landschaft auf ein sehr geringes Niveau reduziert, so dass besonders die Erhaltung der bisherigen Vogelfauna der Agrarfluren und Offenlandbereiche nicht mehr gewährleistet ist.

2.2 Betrachtete Lebensräume

Deutschlandweite Kartierungen der Vogelfauna haben gezeigt, dass jene Teile der Altenburger Region, die Fluss-Auen und Teichgebiete enthalten, zu den strukturreichen Gefildelandschaften in Mitteldeutschland und somit zu den an Vogelarten reichsten Gebieten gehören (Gedeon et al. 2014, Steffens et al. 1998 a, 2013). Die jüngste Thüringer Brutvogelkartierung ergab, dass die thüringenweit größte Artendichte der Brutvögel auf den Messtischblatt-Quadranten 4940-2 und 4940-4 herrscht, wo in der gewässerreichen Pleiße-Aue bei Windischleuba 128 Arten festgestellt wurden (Frick et al. 2022). Besonders Stausee und Teichgebiet Windischleuba und der Leinawald treten hervor, die am besten untersucht sind. In beiden Gebieten erreichen die Vogelarten die regional größten Jahressummen ihrer täglichen Vorkommen. Die dort ermittelten Daten liefern die meisten Beispiele für unsere Darlegungen.

◀ **4**
Haselbacher Teichgebiet. Teichdämme oder baumbestandene Geländestücke trennen die Gewässerflächen der Fischteich-Gruppe.

▲ 5
Fischadler, Altvogel an den Haselbacher Teichen.

Datenmaterial folgender Lebensräume des Gebiets wurde in die Betrachtung einbezogen: (1): die Fischteichgebiete von Windischleuba, Haselbach, Wilchwitz und Eschefeld; der Pleiße-Stausee Windischleuba, der Wyhra-Stausee Schömbach, der Limpitz-Stausee Brandrübel; (2) die ostthüringischen Strecken der Pleiße und der Schnauder, der Oberlauf der Wiera, die Täler von Gerstenbach, Blauer Flut und Sprotte; (3) die Röhrichte der o. g. Teichgebiete und Stauseen; (4) die Pleiße-Aue bei Windischleuba und die Wiera-Aue bei Langenleuba-Niederhain und Schömbach; (5) das Grünland der Pleiße-Aue und Gerstenbach-Aue bei Fockendorf und Haselbach, der Pleiße-Aue zwischen Remsa und Windischleuba, der Wyhra-Aue bei Frohburg und zwischen Langenleuba-Niederhain und Neuenmörbitz; (6) die Feldlandschaften des Gebiets; (7) die Feldgehölze Schreiber, Tannicht, Klinge, Prehnaer Holz und Zweitschener Holz bei Schmölln, das Förstchen bei Jahnshain, das Pastholz Langenleuba-Oberhain und das Kraschwitzer Holz; (8) die Weichholzaue in der Verlandungszone des Stausees Windischleuba; (9) der Kammerforst, das Pahnaholz, Deutsche Holz, Stöckigt und Frohburger Himmelreich, der Streitwald und der Leinawald; (10) die Dörfer und Städte des Gebiets; (11) die Tagebaufolgegelände Rusendorf und NSG Zechau, die Tonhalde Haselbach und die Kiesgruben bei Kayna, Starkenberg, Schmölln, Flemmingen und Windischleuba.

3 Charakteristische Brutvögel

3.1 Fischteichgebiete

Die Fischteiche der Region entstanden durch den Anstau von Fließgewässern und sind in unterschiedlichem Maße bewirtschaftet. Sie werden zumeist jährlich abgelassen und abgefischt. Die meisten dieser Gewässer werden für Karpfenzucht genutzt. Diese Nutzungsart hat zur Folge, dass freilaufende Sukzession im Ökosystem, z. B. in Richtung Gehölz-Aufwuchs, weitgehend unterdrückt und die Flächenverteilung der Habitate langfristig beibehalten wird. Von der Vielzahl kleiner Fischteiche historischer Zeit sind nur vereinzelte Dorfteiche in unsere Zeit gelangt. Bei den betrachteten vier Fischteichgebieten (Windischleuba Tab. 1, Haselbach, Wilchwitz, Eschefeld) handelt es sich jeweils um eine Anzahl benachbarter Teiche, die durch Teichdämme oder Geländestücke voneinander getrennt sind. Auf Dämmen oder Inseln stehen meist ältere Baumbestände. Am Rand der Teiche besteht zumeist Röhricht (Kap. 3.2).

Die Leitarten (FLADE 1994) unter den regelmäßigen Brutvögeln der Fischteichgebiete (Tab. 1) der Altenburger Region sind Haubentaucher, Zwergtaucher, Schwarzhalstaucher, Höckerschwan, Tafelente, Reiherente, Schnatterente, Knäkente, Schellente, Teichralle, Wasserralle, Eisvogel und seit 2019 die Flussseeschwalbe. Auch die Arten Rothalstaucher und Kolbenente gehören zu dieser Gruppe, sie brüteten hier letztmalig 2008 bzw. 2009 (HÖSER 1997 a, HAGEMANN & STEINBACH 2015, ARNOLD & HÖSER 2022). Die genannten Leitarten nisten

◀ 6
Der größte Teich der Haselbacher Teiche wird „See" genannt. Blick auf die Insel im See, als Standort einer Kormoran-Kolonie bekannt.

▼ 7
Knäkente, Erpel

am Rand der Wasserfläche oder in der Verlandungszone der Fischteiche und am Boden. Ausnahmen hinsichtlich des Brutplatzes sind der Eisvogel (in Höhlen an Uferabbrüchen), die Schellente (in Baumhöhlen) und die Flussseeschwalbe (auf aufgeschüttetem Kies eines Pontons). Nur Haubentaucher und Flussseeschwalbe ernähren sich überwiegend von kleinen Fischen.
Die auffälligste Leitart unter den Brutvögeln der Fischteichgebiete ist der Haubentaucher, der am oder vor dem wasserseitigen Röhricht-Rand, zumeist nahe am Teichufer, auf einem Schwimmnest brütet. Am größten sind die Brutbestände dieser Art an den Eschefelder und Haselbacher Teichen (je ca. 25 BP), von manchmal ähnlicher Größenordnung ist der Brutbestand im Windischleubaer Teichgebiet. Im Gegensatz zu dieser Art nistet der im Gebiet ähnlich häufige Zwergtaucher in der mehr Deckung bietenden, wasserständigen dichten krautigen Vegetation des Röhrichtgürtels. Im Gebiet deutlich geklumpt verteilt ist der Brutbestand des Schwarzhalstauchers. Diese Art nistet regelmäßig kolonieartig, aber im Bestand relativ instabil, hervorgerufen durch ökologische Veränderungen des Gewässers infolge von äußeren Einflüssen wie z. B. fischwirtschaftliche Nutzung, Wasserdargebot und Prädatorendruck. Der Schwerpunkt bisheriger Brutvorkommen des Schwarzhalstauchers befindet sich im Eschefelder Teichgebiet, wo in den Jahren 2000 und 2008 im verkrauteten Teil des Großteichs mehr als 70 Brutpaare festgestellt wurden (Arnold & Höser 2022). Einzelne oder wenige Paare dieser Art, im Jahre 2003 max. 26 BP, kamen im Teichgebiet Windischleuba zur Brut; wenige oder einzelne Brutpaare gab es in den jüngst vergangenen Jahrzehnten auch am Wyhra-Stausee Schömbach und im Teichgebiet Haselbach. An wenigen Teichen und Weihern im Gebiet, wo gelegentlich submerse und emerse Wasservegetation vorkommt, brütet zumeist vereinzelt der Rothalstaucher. Bruten dieser Art fanden in den Teichgebieten von Eschefeld (1970 sogar 6 BP: Frieling 1974), Windischleuba und Haselbach statt. Es gab auch einzelne Brutplätze des Rothalstauchers am Stausee Brandrübel 1979 und an zwei kleinen Weihern, die Restgewässer nach Braunkohleabbau sind, so 1979, 1980 und 1988 in der Lossener Senke (W. Sykora, W. Kioschus) und 1988 bei Plateka (Hagemann 1989).
Seit Mitte der 1950er Jahre brütete die Lachmöwe in unterschiedlichem Maße in den vier Teichgebieten, so in großen Kolonien an den Eschefelder Teichen (1988 max. 1300 BP) und bis 2004 im Bereich von Stausee und Teichgebiet Windischleuba (1980 max. 1920 BP), außerdem in kleinen Kolonien oder einzelnen Paaren an den Wilchwitzer bzw. Haselbacher Teichen (Arnold et al. 2020).
Seit 1971 gehören Höckerschwäne und seit 2004 Graugänse zur Brutvogelfauna des betrachteten Gebiets. Die erste Höckerschwan-Brut fand an den Eschefelder Teichen statt (Frieling 1974), die erste Graugans-Brut an den Wilchwitzer Teichen (Rost 2005). Beide Arten ernähren sich vegetarisch, beide gehören wie auch die Lachmöwe zu den Leitarten der Brutvogelgemeinschaft eutropher Flachseen (Flade 1994). Während Höckerschwäne einzelne Brutreviere besetzen, max. 5–6 BP pro Teichgebiet, gegenwärtig ca. 25 BP in der Region, nisten Graugänse zumeist in kleiner Kolonie (z. B. 2020 Teichgebiet Windischleuba max. Gruppe von 9 BP).
In der Windischleubaer Teichkette kam es in den jüngst vergangenen sieben Jahrzehnten zu Bruten von neun Entenarten unterschiedlicher ökologischer Ansprüche. So brüteten hier die Tafelente, Reiherente, Schnatterente, Knäkente, Kolbenente und Schellente als Leitarten der Fischteiche sowie die Löffelente als Leitart der eutrophen Flachseen (Flade 1994), die Krickente, die Weiher bevorzugt, und die im Gebiet stetig vertretene Stockente, die wie die Blässralle an Fischteichen eine lebensraumholde Art ist. Bei der in Tab. 1 vorgestellten Kartierung sind nur sieben Entenarten erfasst, da die Stockente nicht zu den seltenen gehört und die Schellente hier vor 2014 brütete. Tafelente und Reiherente erreichten in dieser Teichkette in den 1970er Jahren einen maximalen Bestand von jeweils ca. 80 BP, die Schnatterente 2006 max. 10 BP (Höser 1997 a, 2011). Gegenwärtig sind Tafel-

Art	Brutreviere
Höckerschwan	4–6
Graugans	6–21
Nilgans	1–3
Schnatterente	2–6
Krickente	1
Knäkente	1
Löffelente	1–2
Kolbenente	1
Tafelente	1–7
Reiherente	2–5
Wachtel	1
Jagdfasan	1–4
Zwergtaucher	7–14
Haubentaucher	3–15
Schwarzhalstaucher	1–3
Rohrdommel	1–3
Zwergdommel	1–3
Graureiher	1

Art	Brutreviere
Rohrweihe	1–3
Rotmilan	1
Schwarzmilan	1–2
Mäusebussard	1
Baumfalke	1
Wasserralle	4–36
Tüpfelralle	1
Teichralle	1–4
Blässralle	8–31
Kiebitz	1–5
Flussregenpfeifer	1–3
Lachmöwe	2
Hohltaube	1
Kuckuck	3–4
Eisvogel	1
Wendehals	1
Grauspecht	1
Grünspecht	1–2

Art	Brutreviere
Pirol	1–5
Neuntöter	3–10
Beutelmeise	1–2
Bartmeise	1–2
Schlagschwirl	1
Rohrschwirl	2–6
Schilfrohrsänger	1
Sumpfrohrsänger	16–30
Teichrohrsänger	63–119
Drosselrohrsänger	17–25
Gelbspötter	1–3
Braunkehlchen	1
Schwarzkehlchen	1–2
Nachtigall	6–17
Blaukehlchen	1–7
Gartenrotschwanz	1
Gebirgsstelze	1
Rohrammer	5–26

▲ **Tabelle 1:** *Anzahlen der 2014–2022 in Kartierungen ermittelten Brutreviere von seltenen Vogelarten der Fischteiche eines Großteils der Teichkette Windischleuba. Variationsbreite der Anzahl oder maximale Anzahl jährlicher Brutreviere über die Periode von 9 Jahren. Acht Teiche von insgesamt 51 ha Fläche, davon ca. 10 ha Röhricht. Außerdem ein Saum von ca. 5 ha Grünland mit spärlichem Ufergebüsch. Stockenten nicht alljährlich erfasst. Kartierer: N. Höser*

und Reiherente im Rückgang. Während die Tafelenten im wasserständigen Röhricht brüten, bevorzugen die Reiherenten Brutplätze in der Vegetation der trockenen Teichufer. Von den übrigen Entenarten, d. h. der Stockente und den Leitarten Schnatterente, Löffelente, Krickente und Knäkente, nisten wenige oder einzelne Paare überwiegend in der angrenzenden krautigen Nasswiesen-Vegetation und im krautigen Röhricht-Gürtel der Teiche. Diese beträchtliche Artenvielfalt ist Ausdruck der besonderen Gunst der lokalen Flussaue und zeichnet das Teichgebiet Windischleuba (Tab. 1) und seinen Ufersaum als erstrangigen Feuchtlebensraum der Region aus.

Der Schwerpunkt des Brutbestands der Wasserralle der Altenburger Region liegt im Teichgebiet Windischleuba. 2015 wurden hier 36 Brutreviere der Art im Röhricht des dezimetertiefen Flachwassers festgestellt (Höser 2021 a). Halb so groß ist der Bestand der Art im Teichgebiet Haselbach (Hagemann & Steinbach 2015) und max. 10 BP beträgt er an den Eschefelder Teichen (Arnold & Höser 2022). Teichrallen nisten in den drei Teichgebieten jeweils mehrere bis max. ein halbes Dutzend BP (Tab. 1).

Die Brutvogelwelt der Fischteich-Gebiete ist von den angrenzenden Landlebensräumen beeinflusst, denn die Teiche sind Teil eines größeren Lebensraum-Mosaiks und folglich von Saumhabitaten mit zugehöriger Vogelfauna, z. B. von Nachtigallen, Neuntötern, Sumpfrohrsängern, Greifvögeln umgeben (Tab. 1). Das zeigt sich in unterschiedlichem Maße an den Teichketten der betrachteten Region. Eines der Beispiele, die im Vogel-Brutbestand auch die Übergänge zum vorhandenen Röhricht (Kap. 3.2) und angrenzenden Landhabitat (Kap. 3.5) besonders deutlich widerspiegeln, ist die Teichkette bei Windischleuba, die in der agrarisch genutzten Pleiße-Aue liegt und unter den Teichgebieten des Altenburger und Ostpleißnischen Lösshügellands die artenreichste Brutvogelfauna hat. Das wird in Tab. 1 deutlich.

▲ **8** *Haubentaucher, Altvogel im Naturschutzgebiet Restloch Zechau.*

▲ **9** *Zwergtaucher, Altvogel.*

▲ **10** *Stockente, die landesweit häufigste und am weitesten verbreitete Gründelente.*

▲ **11** *Schellente, Erpel*

▲ **12** *Tafelente, Erpel*

▲ **13** *Nilgans, weiblicher Altvogel mit Gösseln im Weideland Löbichau.*

▲ **14** *Lachmöwe, Altvogel.*

▲ **15** *Graureiher, hier im Brutplatz im Röhricht. Häufig in Kolonien auf Bäumen.*

▲ **16** *Teichralle, Altvogel.*

▲ **17** *Zwergdommel, männlicher Altvogel.*

▲ **18**
Kormorankolonie an den Haselbacher Teichen.

Die Fischteich-Gebiete bedingen in ihrer unmittelbaren Umgebung auch Brutkolonien von Graureihern und Kormoranen. Die größte Graureiher-Kolonie des Gebiets hatte 2001 auf Pappeln an der Pleiße bei Windischleuba 59 Brutpaare (HÖSER 2002). Waschbären zerstörten 2011 diese Kolonie. Die nächstgrößeren Ansiedlungen der Art gab es nach 2005 auf Rotbuchen im Stadtwald Altenburg, dort max. 40 BP nahe beim Großen Teich, der im Hauptschluss der Blauen Flut liegt, und auf Rotbuchen am ostexponierten Pleiße-Talhang des Poschwitzer Parks (ca. 10 BP). Eine Kormoran-Kolonie (max. 30 BP) entstand 2005 an den Haselbacher Teichen (DECH & HÖSER 2005). Die Gunst der Teichgebiete der Altenburger Region für Fischadler, die seit 2009 Brutvögel im Gebiet sind (HÖSER & PRÖHL 2010), wird durch drei bis fünf Brutpaare dieser Art unterstrichen, die auf Masten der Hochspannungsleitungen in der Nähe der Teichketten nisten, so zwei bei Windischleuba und je 1 bei Ramsdorf, Prößdorf und Eschefeld.

In der betrachteten Region gibt es auch wenige Weiher, die verlandete, kleinflächige (<10 ha) eutrophe Flachseen, weniger intensiv bewirtschaftet und im Gegensatz zu Teichen nicht regulierbar sind, z. B. Bergbau-Restgewässer. Da den Weihern die lichtlose Tiefenregion fehlt, sind sie bis zum Grund vollständig von Unterwasserpflanzen bewachsen. Sie haben eine gut ausgebildete Verlandungszone, geringe Wassertiefe und sind nährstoffreich. Die Gruppe der Leitarten in der Brutvogelfauna dieser Gewässer kommt großenteils auch an Fischteichen vor (s. Kap. 3.1). Aber sie besteht an Weihern überwiegend aus Arten, die sich vegetarisch (Höckerschwan, Graugans) oder von Plankton, Wassermollusken und Pflanzen (Löffelente, Knäkente, Schnatterente) oder zum größten Teil von Wasserinsekten (Zwergtaucher, Schwarzhalstaucher) ernähren (FLADE 1994). Die hier selten brütende Krickente nimmt Samen, Mollusken und Insektenlarven zu sich. Als Zeichen relativ großer Artenvielfalt boten zwei regional wichtige Weiher (Lossener Senke, Weiher bei Plateka) dem Rothalstaucher Brutplätze (Kap. 3.1).

3.2 Röhrichte

▲ 19
Vorbecken und Stauwurzelbereich des Stausees Windischleuba. Im Vordergrund große Röhricht-Flächen im Vorbecken, linker Teil Schilfröhricht. Links oben Weidenwald in der Verlandungszone des Stausees Windischleuba.

Die Brutvogelfauna der Röhrichte der Altenburger Region ist durch 13 Leitarten charakterisiert. Hier gibt es vor allem Brutreviere der Teichrohrsänger (s. Tab. 1). Desweiteren kommen unter den Brutvögeln der großflächigen Röhrichte als weitere charakteristische Leitarten vor: Drosselrohrsänger, Schilfrohrsänger, Rohrschwirl, Wasserralle, Teichralle, Rohrweihe, Rohrdommel, Zwergdommel, Bartmeise, Blaukehlchen, Tüpfelralle und Kleinralle. Die Rohrdommel und die Zwergdommel bevorzugen in diesen Habitaten die Nähe eingestreuter Weidenbüsche. Ihre Brutbestände nahmen nach 2005 in der Region auffallend zu (Weissgerber & Höser 2021). In den stets wasserständigen Bereichen der Röhrichte konzentrieren sich die Brutplätze der Drosselrohrsänger, in den mehr landseitigen Rand- und Flachwasserbereichen der Röhrichte die Brutreviere der Wasserrallen. 1959 konnte am Stausee Windischleuba aufgrund gründlicher Beobachtung ein Brutrevier der seltenen Kleinralle festgestellt werden (Trenkmann 1963). In den Röhrichten an mehreren Orten des Stausees und Teichgebiets Windischleuba gab es seither in der Brutperiode mehr als zwei Dutzend Sichtnachweise dieser Vogelart.
Ein seltener Brutvogel des Röhrichts der Pleiße-Aue bei Windischleuba ist auch die Tüpfelralle. Hier konnten in den 1960er Jahren mehrere Brutreviere der Art im frühen Stadium der Röhricht-Sukzession der Verlandungszone des Stausees nachgewiesen werden. So waren im Juli 1963 an einer Lagune und großen Nassfläche des Stauwurzelbereichs an mehreren Stellen Tüpfelrallen zu sehen und zu hören, die z. T. Junge führten, die erst ca. zwei Tage alt waren. Das von dieser Art besiedelte ca. 5 ha große, von lückenhafter, kniehoher Vegetation, meist von Seggen-Bülten (*Carex*) bewachsene und von einem schütteren Schilfbestand umrandete Gelände (Phragmitetum) lag in einem Netz kleinster und bis ca. 20 m²

20 ▶
Rohrammer, männlicher Vogel. Seit wenigen Jahren unterliegt diese Art einem starken Bestandsrückgang.

21 ▶
Wasserralle, männlicher Altvogel.

22 ▶
Tüpfelralle, Vogel im Übergangskleid.

▲ 23
Feldteich in der strukturarmen Agrarlandschaft bei Zagkwitz. Standort einer kleinen Graureiher-Kolonie und der Brutplätze von Rohrweihe, Drossel- und Teichrohrsängern.

großer, dezimetertiefer Wasserflächen. Es war der Rest einer größeren Lagune, die in der Stauwurzel abseits vom Fluss nach Jahren flussnaher Sedimentauflandung übriggeblieben war. Maximal 7 Brutreviere dieser Vögel wurden registriert (Frieling & Trenkmann 1965), im folgenden Jahrzehnt nur noch sporadisch einzelne, bis schließlich die Gehölz-Sukzession das Brutvorkommen verdrängte und sich nur noch selten Revierinhaber zeigen.

Ein charakteristischer Brutvogel des landseitig an die Nassflächen anschließenden Großseggen-Rieds und Rohrglanzgras-Röhrichts der Windischleubaer Pleiße-Aue, besonders des Uferwalls am Fluss, war in den 1960er bis 1980er Jahren der Schilfrohrsänger (Tab. 1). Die Gehölz-Sukzession und meliorative Eingriffe ins Feuchtgrünland haben die Art vorerst verdrängt.
Die normalerweise an Röhrichte der Teichgebiete gebundene Rohrweihe (Tab. 1) hat im nördlichen Teil des Altenburger Lösshügellands, wo an Standgewässern großflächige Röhrichte vorherrschen, nur ca. 5% ihrer Brutplätze im Getreide (Höser 1967). Im röhrichtarmen südlichen, Schmöllner Teil der Region jedoch war sie drei Jahrzehnte lang, bis zum dort in der Mitte der 1990er Jahre eintretenden Rückgang ihres Bestands, ein charakteristischer Brutvogel der offenen Agrarlandschaft, wo sie in Getreideschlägen und kleinen verschilften Weihern der Feldflur nistete. Ihr Rückgang trat mit dem Trockenfallen der Gewässer in jüngster Zeit und dem sprunghaften Anstieg der Bestände von Wildschwein und Waschbär ein.

24 ▶
Rohrweihenpaar

25 ▶
Blaukehlchen, männlicher Vogel im Prachtkleid.

26 ▶
Bartmeisen. Links Vogel im Jugendkleid, rechts männlicher Altvogel.

▲ 27
Limpitz-Stausee Brandrübel: Bewässerungsspeicher und Fischzuchtgewässer im Ackerhügelland.

3.3 Stauseen als eutrophe Flachseen

Der Pleiße-Stausee Windischleuba und der Wyhra-Stausee Schömbach, zwei Fluss-Stauseen des Tieflands, sind nährstoffreiche, eutrophe Flachseen, die periodisch, besonders aufgrund von Zufluss-Schwankungen, mehr als 75 ha Flächengröße und 2 bis 5 m Wassertiefe erreichen. Sie haben einen breiten Verlandungsgürtel, in dem Schilf (*Phragmites australis*) vorherrscht. Im Stauwurzelbereich beider Gewässer breitet sich zunehmend Weichholz-Auenwald aus.
Als charakteristische Leitarten (Flade 1994) der Brutvogelfauna dieser Stauseen sind bisher festgestellt worden: Haubentaucher, Zwergtaucher, Schwarzhalstaucher, Tafelente, Knäkente, Schnatterente, Löffelente, Höckerschwan, Graugans, Lachmöwe und Teichralle. Stete Begleiter sind Blässralle und Stockente. Somit ist dieses Artenspektrum ähnlich jenem, das an Fischteichen (Kap. 3.1) festgestellt wurde. Regelmäßig brüten zwei bis vier Haubentaucher-Paare fern vom Ufer, aber erfolgreich auf der freien Wasserfläche des Fluss-Stausees Windischleuba. Aufgrund starker Wasserspiegel-Schwankungen sind die Brutbestände der Wasservögel auf den Stauseen oft kleiner als die auf den Fischteichen und erreichen geringeren Bruterfolg. Hier herrscht größere Bestandsdynamik (s. Kap. 3.4 u. 3.5).

3.4 Verlandungszone des Stausees Windischleuba

Die Dynamik des Vogellebensraums in der Verlandungszone des Stausees Windischleuba manifestiert sich beispielgebend im Aufwärts- und Abwärtsgang des Brutbestands der dort anzutreffenden Vogelarten. Sie widerspiegelt vor allem die Abfolge von natürlichen Entwicklungsstadien der Verlandung und der Vegetation des Gewässers. So z. B. erreichte hier die Lachmöwenkolonie, die 1968 auf fri-

▲ 28
Blick auf den Weichholz-Auenwald des verlandeten Stausees Windischleuba (links) und seine beiden Vorbecken (rechts) mit den Röhricht-Flächen. In der Bildmitte Pähnitz, unten links Borgishain, oben rechts das Pahnaholz.

schem, nahezu pflanzenlosem Sediment in der Verlandungszone des Stausees entstand, im Jahre 1980 ihren Bestandsgipfel (1920 BP), so bei größter Ausdehnung und Vegetationsarmut der Sedimentfläche, und war dann infolge des Aufwuchses von Weiden-Gehölz (*Salix*) schon 1990 auf dieser Fläche und 2005 aus der Aue verschwunden (Arnold et al. 2020). In dieser Kolonie brütete 1980 erstmals auch ein Paar der in Ostdeutschland nach ihrer Westausbreitung sehr seltenen Schwarzkopfmöwe, die an der Nordküste des Schwarzen Meeres und im Kaukasusvorland ihren Verbreitungsschwerpunkt hat.
Im Zuge der Verlandung und kurz nach der Entschlammung des Stausees zeigte sich Aufschwung im Brutbestand von Kiebitz und Flussregenpfeifer. Beim Kiebitz kam es jeweils vor und nach der 1968/69 stattgefundenen Entschlammung zu hoher Bestandsdichte (10 bzw. 12 BP), also in der knapp dezimeterhohen, sehr lückigen Pioniervegetation auf Stausee-Sediment. Der Flussregenpfeifer erreichte im Stadium nahezu pflanzenloser Sedimentfläche des Stausees (1969–1980) den größten Brutbestand (bis 5 BP). Seit den 1990er Jahren nisten günstigenfalls einzelne oder wenige Paare beider Arten verstreut auf dem seeseitigen pflanzenlosen Schlammrand der inzwischen dicht meterhoch bewachsenen Verlandungszone.

Für kurze Zeit (ca. 10 Jahre), mit dem Einzug dichter Brennesselbestände am Pleißelauf und mehr noch in der Verlandungszone, nahm der Brutbestand des Sumpfrohrsängers im Stauseegelände stark zu. Er wuchs um ungefähr das Zehnfache, auf über 80 BP im Jahre 1982 (davon 44 BP in der Verlandungszone, Höser 1997 a), als diese Art hier der häufigste Rohrsänger wurde. Das war offensichtlich der seit Mitte der 1970er Jahre intensivierten Feldwirtschaft geschuldet, die zur Zunahme von Bodenerosion im Einzugsbereich der Pleiße führte und die Sedimentation im Stausee erhöhte. Der Eintrag nährstoffreichen Sediments brachte in der Verlandungszone dieses Gewässers eine nitrophile Ruderalvegetation aus Brennesseln,

Hochstauden und Flussröhricht zustande, die das aufkommende Weidengebüsch überlappte und die Sumpfrohrsänger anzog. Seit Beginn der neunziger Jahre wurde diese Rohrsänger-Art infolge fortschreitender Sukzession zum röhrichtarmen Weichholz-Auenwald in der Verlandungszone wieder verdrängt, so dass jetzt der an Röhrichte gebundene Teichrohrsänger dort erneut die häufigere Rohrsänger-Art ist. Zeichen des Durchgangs unterschiedlicher Sukzessionsstadien in diesem Gelände war auch die auffällige Schwankung der Anzahl vorhandener Reviere des Schlagschwirls: Seit den 1970er und in den 1980er Jahren gab es hier unregelmäßig einzelne Reviere der Art, danach ab 1997 jährlich 3–4 Reviere, 6 Reviere ab 2003, maximal 9 im Jahre 2006 und schließlich in den folgenden Jahren bis 2011 alljährlich 2–4 Reviere der Art. Im voranschreitenden Weichholz-Aufwuchs der Verlandungszone brüten seit 2017 erfolgreich Kraniche (Höser 2021 b). Diese Art gehört seit 2006 zu den Brutvögeln der Region (Weissgerber 2006). Am 23.06.1985 konnte am östlichen Rande des Stausees, am Übergang zum Pahnaholz, eine erfolgreiche Brut des Waldwasserläufers nachgewiesen werden (Steffens et al. 1998 b).

3.5 Überschwemmungsbereiche halboffener Auen

Zu den Leitarten der Brutvögel der halboffenen Auen der Altenburger Region gehören der Teichrohrsänger als Röhricht-Bewohner, der Feldschwirl als Staudenbrachen-Bewohner und die Wachtel als Charakterart der landwirtschaftlichen Nutzflächen, desweiteren Neuntöter, Schlagschwirl, Nachtigall und Beutelmeise als Bewohner der Gebüsche, Hecken und ähnlichen Randstrukturen (Flade 1994). Auf ca. 8 km^2 Fläche der halboffenen Pleiße-Aue bei Windischleuba konnten in der Periode 2003–2022 bei Revier-Kartierungen maximal 11 BP Schlagschwirle, 36 BP Nachtigallen, 24 BP Neuntöter, einige BP Teichrohrsänger, 2 BP Feldschwirle und 2 BP Wachteln festgestellt werden (s. auch Kap. 3.6).

▼ **29**
Überschwemmung der halboffenen Pleiße-Aue bei Windischleuba, Juni 2013.

30 ▶
Beutelmeise beim Nestbau

31 ▶
Nachtigall

Im Zuge ihrer Westausbreitung in Mitteleuropa hatte die Beutelmeise ab 1966 im Laufe von zwei Jahrzehnten relativ dicht die Ufer- und Verlandungszonen der Pleiße-Aue besiedelt, die auf ca. 12 km Flusslaufstrecke die Teichgebiete von Haselbach, Windischleuba und Wilchwitz vereint. Dabei erreichte der Brutbestand dieser Art auch die Auen der Bäche, die dem ostthüringischen Pleiße-Abschnitt zufließen. Im hier betrachteten Auengebiet bei Altenburg, das aus dem vorgenannten Teil des Pleiße-Einzugsgebiets und der oberen Wiera-Aue mit dem Stausee Schömbach besteht, wurden in den 1980er Jahren ca. 30 bebrütete Nester der Art pro Jahr gefunden (Höser 2020), außerdem ca. ein Dutzend an den Frohburg-Eschefelder Teichen und in der angrenzenden sächsischen Wyhra-Aue. Also gab es um 1988 im hier betrachteten Gebiet ein Maximum von ungefähr 40 bebrüteten Nestern der Beutelmeisen. Inzwischen ist nach 2003 ein merklicher Bestandsrückgang der Art eingetreten.

Im Überschwemmungsbereich der halboffenen Auen unterliegen die vom Menschen wenig beeinflussten Talböden deutlicher als andere Lebensraumtypen dem naturnahen Wandel, der als freilaufende Sukzession bezeichnet wird. So sind die

Überschwemmungsbereiche dieser Auen Vogellebensräume hoher Dynamik in der Landschaft. Sie werden periodisch oder unregelmäßig überschwemmt und teilweise in Jahren bis Jahrzehnten der Entwicklung vom limnischen zum terrestrischen Zustand unterworfen. Derartiges steht den Verlandungszonen der Stauseen Windischleuba (Kap. 3.4) und Schömbach bevor. Es geschieht in der Abfolge von seichter Wasserbedeckung, Sedimentablagerung, Röhricht-Aufwuchs, Auenwald, stellenweisem Auenwald-Zusammenbruch mit Erosion und möglichem Zyklus-Neubeginn. Nach sedimentreichen Hochfluten entwickelt sich im Laufe der Zeit ein Nebeneinander von unterschiedlich in desynchronen Zyklen bewachsenden Teilflächen, so dass sich der Überschwemmungsbereich im Ganzen durch erhöhten Artenreichtum von Pflanzen und Tieren auszeichnet, wenn ausräumende Eingriffe durch Landnutzung ausbleiben.

Von den drei im Altenburger und Ostpleißnischen Lösshügelland vogelkundlich relevanten Überschwemmungsbereichen präsentieren uns derzeit zwei mitsamt ihrem Brutvogelbestand die Zeichen der geschilderten freilaufenden Sukzession. Das sind die Auenbereiche des Pleiße-Stausees Windischleuba und des Wyhra-Stausees Schömbach. Der dritte Bereich, das Pleiße-Rückhaltebecken Serbitz, ist eingedeichtes, landwirtschaftlich genutztes Gelände auf Grünland und Acker in der Aue von Pleiße und Egergraben, das nur unregelmäßig in wenigen Hochwasserperioden geflutet wird.

Der Talboden im Überschwemmungsbereich der Pleiße-Aue bei Windischleuba zeigt Stücke der Entwicklungsgeschichte der Flussaue. Obwohl diese Aue im Groben annähernd eben zu sein scheint, ist sie im Laufe ihrer Entwicklung im Geländequerschnitt zu Höhendifferenzen von wenigen Dezimetern gelangt, was das Ergebnis des Sedimentationsgefälles im Stausee ist, das zur Auflandung von Grobsediment in Flussnähe führte. Da der Fluss bei Hochflut nur relativ wenig mineralisches Sediment bis zum Auenrand transportiert, hinterlässt er im Auenquerschnitt ein schwaches flussabseitiges Gefälle, das in Auenrandsenken resultiert, die als nasse oder flach wassergefüllte Stellen zurückbleiben. Die Aue besitzt daher gehäuft am flussfernen Rand flache, von Hochflut erreichbare Senken von Feucht- und Nasswiesen-Charakter. Dort waren 1960 (Frieling 1963 a) und nach 1969 (Karte 13 in Steffens et al. 1998 b) im schütteren Bestand von Seggen und Schilf einjährig besetzte Brutvorkommen der Bekassine wahrscheinlich. Einige der Auenrandsenken, die im Löss-Sediment der Verlandungszonen des Pleiße-Stausees Windischleuba und des Wyhra-Stausees Schömbach hinterlassen sind, überdauern offenbar jahrzehntelang als Wasserkörper oder Feuchtstellen im Talboden, der sich in terrestrischer Richtung entwickelt. Sie sind bewachsen von Röhricht und umgeben von lichtem Weichholz-Auenwald. Diese Stellen treten in der Verlandungszone bei entsprechender Flächengröße z. B. als Standorte von Brutvorkommen der Wasserralle hervor. Solche Brutreviere erreichten 2021 mehr als 60 % Anteil an den Wasserrallen-Revieren im Gelände des Stausees Windischleuba (Höser 2021 a).

Angesichts der nassen oder wassergefüllten Auenrandsenken als Merkmale überkommener Auengeschichte war es vor ca. sechs Jahrhunderten naheliegend, dass in ihrem Bereich durch Menschenhand mit der Anlage von Fischteichen begonnen wurde und schließlich Teichketten und Teichgebiete im Nebenschluss des Flusses entstanden. Anhand ihrer landschaftlichen Lage im Auenquerschnitt ist deutlich erkennbar, dass die Teichgebiete der ostthüringischen Pleiße-Aue, die Haselbacher, Windischleubaer und Wilchwitzer Teiche, jeweils in den Senken am Rande der Flussaue gegründet wurden. Die Eschefelder Teiche hingegen bestehen in einer flachen Geländemulde auf wasserstauendem Boden (Pseudogley) bei spärlichem Zufluss aus dem Stöckigt als sehr kleinem Einzugsgebiet („Himmelsteiche").

▲ 32
Weidenwälder im Bereich der Verlandungszone des Stausees Windischleuba

3.6 Weidenwälder

Im terrestrischen Bereich der Verlandungszone des Pleiße-Stausees Windischleuba liegt ein großer Weidenwald, der heute ca. 140 ha umfasst. Dieser besteht aus Silberweiden-Auenwald (Salicetum albae Issl. 1926) der meist sommertrockenen Standorte und aus Mandelweiden-Korbweiden-Gebüsch (Salicetum triandrae Malc. 1929). Im Baumbestand herrscht die Hohe Weide (*Salix* x *rubens*) vor, ein spontan natürlich aufgewachsener Hybrid aus Bruch-Weide (*S. fragilis*) und Silber-Weide (*S. alba*). Im schütteren bis nahezu geschlossenen Hochstaudenbestand herrschen Brennesseln, Rohrglanzgras, Drüsiges Springkraut und Riesen-Bärenklau vor. Dieser Auenwald entspricht (M. Höser 2002) der „Hohen Weidenau", speziell dem trockeneren Salicetum albae typicum. In ihm sind im Laufe der Gehölz-Sukzession unter den ca. 25 Brutvogelarten alle charakteristischen Leitarten (Flade 1994) dieses Landschaftstyps nachgewiesen, nämlich Beutelmeise, Gelbspötter, Pirol, Nachtigall, Kleinspecht, Schlagschwirl und Grauspecht.
Dabei fällt auf, dass Beutelmeise, Nachtigall und Schlagschwirl anscheinend Bereiche bevorzugen, die nahe am Fluss und an den wassergefüllten Auenrandsenken dieser Weichholzaue liegen. In der Zeitspanne 1997–2006 gab es hier 6–9 Reviere des Schlagschwirls (Kap. 3.4 und 3.5), 1–2 Nester der Beutelmeise und mehrere Reviere der Nachtigall. Neben den genannten Leitarten treten in dieser Weichholzaue die drei lebensraumholden Arten Gartengrasmücke, Sumpfrohrsänger und Wacholderdrossel als Brutvögel auf, die beiden erstgenannten in großer Dichte (bis >5 BP/10 ha), die Wacholderdrossel in wenigen BP, aber nicht alljährlich. Daneben brütet ein Dutzend begleitender Arten, nämlich Jagdfasan, Ringeltaube, Fitis, Zilpzalp, Kohlmeise, Blaumeise, Mönchsgrasmücke, Klappergrasmücke, Amsel, Singdrossel, Rohrammer, Buchfink.

◀ **33**
Mönchsgrasmücke, männlicher Vogel. Weit verbreitete Vogelart, in vielen verschiedenartigen gebüsch- oder unterholzreichen Lebensräumen.

◀ **34**
Gelbspötter

◀ **35**
Grauspecht, männlicher Vogel

▲ **36**
Agrotope (meist Flachraine) in der heutigen Ackerflur bei Gimmel. Oben der altholzreiche „Bauernwald" Gimmelsches Holz, regelmäßiger Brutplatz von Rot- und Schwarzmilan, Kolkrabe und Mäusebussard, unten der von Gehölzen begleitete Bachlauf der Blauen Flut.

3.7 Fließgewässer

Von den als Leitarten der Fließgewässer eingestuften Brutvögeln (Flade 1994) kommen im betrachteten Gebiet drei Arten regelmäßig vor: Gebirgsstelze, Eisvogel und Teichralle, daneben gelegentlich die Wasseramsel.

Die Verteilung des Brutbestands der Gebirgsstelze folgt streng dem Lauf der größeren Fließgewässer, wo Nester der Art z. B. an den Deckung bietenden Strukturen natürlicher stein- und geröllhaltiger Ufer, an steinigen Uferbefestigungen, an Wasserbauwerken wie Wehren, Fischtreppen, Brücken oder Gebäuden angelegt werden. So hat diese Vogelart fast ausschließlich an Fließgewässern aneinandergereihte Brutreviere (Höser et al. 1999). Am Lauf der Sprotte wurden in den 1990er Jahren 0,68 BP/km auf 40 km Strecke des Flusslaufs festgestellt (Köhler 1993). Nistplätze abseits solcher Gewässer sind Ausnahmen, z. B. abseits der Pleiße am Schloss Windischleuba oder an der 0,45 km von der Wyhra entfernten Friedhofsmauer zwischen Gnandstein und Dolsenhain. Die Brutverbreitung dieser Art scheint am Beginn des Tieflands zu enden.

Eisvögel geben Brutplätzen an den steilen Flussufern den Vorzug, wo sie Bruthöhlen in zumeist frische Abbruchkanten graben. Die Eisvogel-Brutpaardichte an Pleiße, Wyhra und Unterlauf der Sprotte liegt in günstigen Jahren bei 1–3 Brutpaaren pro 10 km Flusslauf. Bis in die 1990er Jahre kam es nach strengen Wintern zu starken Rückgängen im Brutbestand dieser Art, manchmal zu mehrjährigem Verschwinden der Brutvögel auf zuvor regelmäßig besiedelten Flussabschnitten.

Teichrallen besiedeln an Fließgewässern vereinzelt die aus krautiger Vegetation, Röhricht und Stockausschlägen bestehenden Ufersäume, wo diese Deckung bieten, so bevorzugt an Buchten von Gleitufern und an Altwässern. Zuweilen genügen als Brutplatz auch Stockausschläge an fast deckungslosen Ufern langsam fließender Bäche.

▲ 37
Bachlauf der Sprotte am Klaffholz bei Großstöbnitz. Im Hintergrund das Prallufer, wo Eisvögel ihre Bruthöhle anlegen.

◀ 38
Wasseramsel beim Brutplatz am Sprotte-Wehr der Rothenmühle Posterstein.

▲ **39** *Eisvögel, Paar vor der Paarung.*

▲ **40** *Gebirgsstelze, männlicher Altvogel.*

◀ 41
Zaunkönig

Einzelne Bruten und Brutversuche der Wasseramsel konnten seit 1983 am Südrand des Altenburger Lösshügellands, an der Sprotte, nachgewiesen werden. Diese Vorkommen, so z. B. die an den Wehren bei Nöbdenitz und Posterstein, stehen mit der erzgebirgischen Brutverbreitung dieser Art im Zusammenhang.
Von den bei FLADE (1994) aufgeführten weiteren Leitarten der Brutvögel der Fließgewässer wurden Flussregenpfeifer und Uferläufer bisher nicht als solche im betrachteten Lebensraum der Region nachgewiesen, jedoch ausnahmsweise die Uferschwalbe (18.06.1982 an der Pleiße bei Serbitz 3–5 Brutröhren). Für Uferschwalben hat der Feinlöss der Talböden des Gebiets offenbar zu hohe Bindigkeit, als dass diese Vögel in den Prallufern Nisthöhlen für größere Kolonien graben könnten.
Stete Begleiter in der Brutvogelgemeinschaft der Fließgewässer sind Stockente, Zaunkönig, Sumpfrohrsänger und Nachtigall. Besonders die Nachtigall fiel als Brutvogel entlang der Fließgewässer auf, als sie im Zuge ihrer Ausbreitung nach 1960 ihr regionales Areal an mehreren Fließgewässern auffällig flussaufwärts erweiterte (HÖSER 1987).

3.8 Grünland

Die Reste des Grünlands in der Altenburger Region sind heute überwiegend Auengrünland, das zumeist aus Frischwiesen, flächenmäßig zumeist aus Wiesenfuchsschwanz-Wirtschaftswiesen besteht. Im kollinen Bereich des Gebiets, stellenweise auch auf Talböden, herrschen frische Glatthaferwiesen vor. Feuchtwiesen sind im betrachteten Gebiet vorwiegend auf die flachen Senken der Auenränder beschränkt (Kap. 3.5) und daher relativ kleinflächig. Große Teile des Grünlands werden als Weideland genutzt, kleinere Teile als Mähwiesen bewirtschaftet.
Grauammer, Wachtel und Raubwürger, die Leitarten unter den Brutvögeln der Frischwiesen (FLADE 1994), kommen im betrachteten Gebiet seit ca. drei Jahrzehnten nur noch selten vor oder fehlen hier seither. Der Raubwürger, die für locker baumbestandene Frischwiesen charakteristische Leitart, die noch 1966–1969 im Bereich der Pleiße-Wiesen bei Windischleuba und Remsa jährlich 2–3 erfolgreiche BP hatte, fehlt heute in der Region auf den betrachteten Flächen dieses Lebensraumtyps. Das nicht oder selten vom Hochwasser er-

▲ 42
Wiese in der Löbichauer Heide.

reichte Auengrünland ist auch Brutplatz der Feldlerche als Bodenbrüter und des Braunkehlchens, das an Staudensäumen und Staudenböschungen brütet und Sitz- und Singwarten auf einzelnen Hochstauden oder Viehzäunen nutzt. Die Brutbestände dieser beiden Arten sind hier gegenwärtig gering. Am Rand des Serbitzer Rückhaltebeckens kam es bei extensiver, jahreszeitlich später Wiesennutzung 1990 – 1995 noch zur hohen Bestandsdichte des Braunkehlchens (3 – 5 Brutpaare/10 ha), ebenso 1986 in der Wiesenaue bei Tegkwitz (3 BP/5 ha). Die Bruten beider Arten sind am erfolgreichsten, wenn auf den Wiesen erst ab Mitte Juli einschürige Mahd erfolgt.

Die Leitarten (Flade 1994) unter den Brutvögeln der Feuchtwiesen-Stücke des Gebiets waren bis in die 1970er Jahre in geringer Siedlungsdichte die Grauammer, der Wachtelkönig und selten der Kiebitz, letztgenannter auf nassen, kurzrasigen bis lückigen Stellen. Diese Arten sind heute auf diesen Flächen teils schon über mehrere Jahre als Brutvögel verschwunden. Zu den steten Begleitern dieser Gemeinschaft gehörten Feldlerche und Wiesenpieper, die heute auf den entsprechenden Flächen nahezu völlig verdrängt sind (Weissgerber & Höser 2014, Höser 2022 a, Weissgerber 2024). Die letzten Brutnachweise des Wiesenpiepers auf den stellenweise feuchten Pleiße-Wiesen nahe beim Stausee Windischleuba gelangen 1964 und 1965 (Frieling & Trenkmann 1966, 1967).

Der Wachtelkönig, der bisherige Charaktervogel der langhalmigen, von Wiesenfuchsschwanz und Glatthafer beherrschten frischen, stellenweise feuchten Pleiße-Wiesen von Wilchwitz bis Haselbach und Regis, ist aufgrund intensiver Wiesennutzung auf großen Strecken dieser Aue verschwunden. Was dabei vor Jahrzehnten die jahreszeitlich zu frühe Mahd verursachte, bringt heute die intensive Beweidung zustande. In der Wiesen-Aue der Wyhra, der Schnauder und des Gerstenbachs hielt diese Vogelart nach 1970 bis in die jüngste Zeit an günstigen Stellen für nur kurze Zeit noch einzelne Reviere.

▲ **43** *Raubwürger*

▲ **44** *Braunkehlchen, männlicher Altvogel.*

45 ▶
Wiesenpieper, Futter bringender Altvogel.

An die feuchten bis nassen Wiesen, die im Vorfeld und Stauwurzelbereich der Stauseen Windischleuba und Schömbach sowie in der Teichkette Windischleuba existieren, sind als Brutvögel besonders mehrere Entenarten gebunden, z. B. Löffelente, Schnatterente, Stockente und Krickente, wie durch Nestfunde und zahlreiche Sichtnachweise belegt ist (Frieling 1963, 1964, Höser 1997 a).
In den 1960er Jahren hatten sich in der Pleiße-Aue und den benachbarten Bachauen auf flussbegleitenden Bäumen am Rand der Auenwiesen zahlreiche Kolonien der Wacholderdrossel gebildet. Am dichtesten von dieser Art besiedelt war die Pleiße-Aue zwischen Saara und Haselbach, wo 1967 auf 21 km Flusslaufstrecke 4,8 Brutpaare pro km nisteten (Höser 1989). Abschnittsweise gab es bei Windischleuba auf jedem Baum am Fluss ein Nest der Wacholderdrossel. Dort fielen auf angrenzenden kurzgrasigen Auenwiesen in der Brutzeit die Gruppen von Vögeln dieser Art auf, die Futter für ihre Nestlinge suchten. Heute, nach explosiver Vermehrung des Waschbären, sind in diesen Auen nur noch wenige oder einzelne dieser Drosseln anzutreffen, und auf großen Strecken fehlt diese Art.

▲ 46
Große Feldschläge der Agrarlandschaft um Weißbach und Sommeritz. Im Mittelgrund Stausee Brandrübel.

3.9 Feldfluren

Das Offenland der Altenburger Region besteht heute überwiegend aus den agrarisch genutzten Feldfluren. Flächige Brachen fehlen weitestgehend. Zu den charakteristischen Brutvögeln (Flade 1994) der gehölzarmen Feldfluren des betrachteten Gebiets gehören das lebensraumholde Rebhuhn, die Leitarten Grauammer und Wachtel als Bodenbrüter und in Büschen der reichstrukturierten Feldflur auch der Neuntöter. Bis in die 1960er Jahre waren hier auch Steinkauz und Ortolan Leitarten, die seither verschwunden sind. Stete Begleiter sind in der gehölzarmen Feldflur die Feldlerche, in der reichstrukturierten außerdem Amsel, Goldammer, Dorngrasmücke und Buchfink. In der Altenburger Region bestehen die Feldlandschaften vor allem aus Ackerflächen, auf denen Gerste, Weizen, Raps, Mais, Rüben und Kartoffeln angebaut werden. Hier nisten heute nur wenige Brutvogelarten, so unter den Bodenbrütern zumeist Feldlerchen und Schafstelzen, vereinzelt auch Kiebitze auf noch niedriger Wintersaat und Rüben- oder Maisfeldern kurz nach der Aussaat. Die Feldlerche ist im Gebiet infolge der enormen Intensivierung des Ackerbaus vom steten Begleiter der Feldvogelgemeinschaft zum vielerorts verdrängten Brutvogel geworden (Weissgerber & Höser 2014). Ebenfalls erkennbare Reduzierung trat in den jüngst vergangenen Jahrzehnten infolge der Beseitigung von Feldrandgebüschen beim steten Begleiter Dorngrasmücke sowie bei den Arten Sumpfrohrsänger, Goldammer und Bluthänfling ein, die bis in die 1970er Jahre zu den regelmäßigen Begleitern gehörten.

Reduzierung des Grünlands und intensivere Grünlandnutzung führten bei Kiebitz, Schafstelze und Wiesenpieper vermehrt zu Bruten in den Feldfluren. Solche von Kiebitzen fanden seit 1965 auf Jahre hinaus regelmäßig auf dem nässehaltenden Parabraunerde-Pseudogley der Ackerflächen des Lohbergs östlich von Windischleuba statt, zuletzt auch am ostexponierten Pleiße-Talhang bei Kotteritz. Das betrifft einzelne bis drei Kiebitz-Brutpaare pro Brutstandort. Entlang von Feldwegen, die dauerhafte Graswege sind, übersteigt die Dichte der Bodenbrüter heute deutlich den auf der Ackerfläche ermittelten Durchschnitt. An solchen Rändern hat die Ackerflur zusätzliche Brutreviere von Schafstelzen. 1983 kartierte N. Höser in der Feldlandschaft zwischen Wintersdorf, Schmölln, Wolperndorf und Niedergräfenhain (ca. 400 km^2) noch 12 BP des Wiesenpiepers. Bis in die 1990er Jahre gab es im Ostpleißnischen Lösshügelland in den zur Staunässe neigenden Feldfluren auf Pseudogley noch regelmäßig vereinzelte Brutreviere dieser Vogelart, z. B. bei Altmörbitz (Wiesensenke Langer Grund 1991/92), Walditz, Wolperndorf und zwischen Jückelberg und Dürrengerbisdorf (Feldwegsenke zwischen Getreidefeldern 1992), zumeist im fleckenhaften Bestand von Rasen-Schmiele. Diese Vorkommen sind erloschen (Höser 2022 a).

Noch in den 1970er Jahren waren Wachtel und Grauammer die charakteristischen Leitarten der Brutvögel der gehölzarmen Feldlandschaft des Gebiets. Inzwischen steht hier die erstgenannte Art im Bestandsrückgang, während die Grauammer, die 1984 nach drastischem Rückgang noch bei Regis am Nordrand des Lössgebiets brütete (Rost 1989), seit 2004 als Brutvogel im betrachteten Gebiet weitgehend verschwunden ist. Busche (1989) untersuchte den Bestandsrückgang in Schleswig-Holstein; nach ihm ist dieser auf das Verschwinden von Wildkrautfluren infolge massiven Herbizideinsatzes und Vernichtung von Feldrainen zurückzuführen, sowie auf Biozideinsatz, der zur Vergiftung von Nestlingen über deren Nahrung führt. Der Bestand der Wachtel ist wahrscheinlich infolge Insektenmangels durch Insektizideinsatz während der Jungenaufzucht rückläufig (Glutz et al. 1973).

Seit den 1970er Jahren schrumpfte der Rebhuhn-Bestand im Gebiet drastisch. Seither ist die Art, die zuvor typischer Feldvogel der regionalen Agrarlandschaft war, im betrachteten Lössgebiet verschwunden (Höser 2022 a). Diese Entwicklung hat Ursachen wie bei den o. g. Leitarten des Offenlands (Flade 1994). Sie bahnte sich mit der Flurbereinigung in den 1960er und 1970er Jahren und dem damit verbundenen Übergang zu landwirtschaftlichen Großflächen und moderner Bewirtschaftung an. Den letzten kleinen Restbestand dieser Art (2 – 5 BP) gab es bis 2016 auf einer extensiven Beweidungsfläche in der Feldflur nahe Löbichau bei Schmölln.

47 ▶
Nur noch wenige Feldwege gliedern die Agrarfluren der Region. Feldweg mit Kirschbäumen bei Nöbdenitz.

▲ **48** *Rebhuhn, wachender Hahn.*

▲ **49** *Grauammer*

▲ **50** *Wachtel, Hahn im Brutrevier.*

▲ **51** *Neuntöter, männlicher Vogel.*

▲ **52** *Ortolan, männlicher Vogel.*

▲ **53** *Schafstelze, männlicher Vogel.*

▲ **54** *Steinkäuze, Paar während der Balz bei sozialer Gefiederpflege.*

▲ **55** *Feldlerche*

▲ **56** *Goldammer, männlicher Vogel.*

▲ 57
Bluthänfling, männlicher Vogel.

Bis in die 1960er Jahre gab es an den schwach bis mäßig geneigten Hängen inmitten der hügeligen Ackerlandschaft des Gebiets Reste von Agrotopen mittelalterlichen Ursprungs, nämlich einige Stufenraine entlang weniger schmaler Terrassenäcker. Beispiele der inzwischen beseitigten Geländestrukturen, die damals Baumreihen und Hecken oder Staudensäume, Kräuter und Gräser trugen, befanden sich z. B. am Läuseberg bei Rositz, am Fuchsberg bei Unterzetzscha und am Lohberg bei Windischleuba. Sie beherbergten zumeist Neuntöter, Bluthänfling, Dorngrasmücke und Goldammer als Brutvögel. Apfelbäume angrenzender Streuobstwiesen-Streifen zogen Stieglitze als Brutvögel an.
Kleinflächige Brachen-Reste im Gebiet, die in Agrarflächen oder Wiesen eingestreut und teils durch Melioration an Auenrändern und Talhängen trockengelegt sind, werden heute von Schwarzkehlchen besiedelt, so von einzelnen BP z. B. in der Pleiße-Aue bei Pöppschen und Kraschwitz und im Rückhaltebecken Serbitz, in der Wyhra-Aue bei Zedtlitz oder am Förstchen bei Jahnshain. Da viele flächentrennende Strukturelemente, z. B. Feldwege und Hecken, in dieser heutigen Agrarlandschaft ausgeräumt sind, treten regelmäßig nur an aufgelassenen Restflächen und Brachen mit Kleingehölzen vereinzelt Dorngrasmücke und Goldammer als Brutvögel der gehölzarmen Feldlandschaft auf.

▲ 58
Feldgehölz „Himmelreich" bei Steinsdorf.

3.10 Feldgehölze

Als Feldgehölze gelten im betrachteten Gebiet die Gehölz-Flächen in der Agrarlandschaft, die zumeist ca. 1 ha, maximal bis ca. 15 ha umfassen, so z. B. von den letztgenannten die in Kap. 2.2 namentlich genannten fünf Gehölze bei Schmölln und das Kraschwitzer Holz. In ihnen herrschen Laubbäume vor, meist Eichen. Die Anzahl der Feldgehölze nimmt im betrachteten Gebiet südwärts, zum mehr kuppigen Teil des Lösshügellands hin, deutlich zu.

Die Leitarten (Flade 1994) unter den Brutvögeln der regionalen Feldgehölze sind Rabenkrähe, Turmfalke und Waldohreule, die hier in höherer Stetigkeit als in allen anderen Lebensraumtypen vorkommen. Zu ihnen gehörte bis in die 1990er Jahre auch die mittlerweile seltene Turteltaube. Diese Arten bevorzugen kleinflächige Gehölze. Die Rabenkrähe ist die häufigste unter diesen Leitarten. Nachnutzer der Rabenkrähen-Nester in deutlich geringerer Siedlungsdichte sind der Turmfalke und die seltenere Waldohreule. Eine hier lebensraumholde Art, besonders in den Feldgehölzen im südlichen Teil des Lösshügellands, ist die Heckenbraunelle.

Desweiteren sind die regionalen Feldgehölze bevorzugte Brutplätze von Rot- und Schwarzmilan, Mäusebussard, Habicht, Baumfalke und Kolkrabe, die sich im agrarischen Offenland der Umgebung ernähren. Habicht und Baumfalke kommen nur vereinzelt im betrachteten Lösshügelland vor, ebenso der Sperber, der Brutplätze auf Fichten-Stangenhölzern bevorzugt. Häufiger sind der Schwarzmilan (ca. 45 BP) und der Kolkrabe (ca. 60 BP), am häufigsten der Mäusebussard. Der Bestand des Rotmilans umfasst in der Altenburger Region ca. 90 BP. Seine Siedlungsdichte ist im Südteil des betrachteten Gebiets (Altkreis Schmölln) nahezu doppelt so groß wie im Nordteil, was sich wahrscheinlich auf die größere Anzahl von Feldgehölzen in der reliefreicheren und daher kleinteiligeren Agrarlandschaft des Südteils gründet. Ein regelmäßiger, aber spärlicher Brutvogel der Region ist der Wespenbussard, dessen vereinzelte Horstplätze zumeist im feldgehölzreichen

59 ▶
Feldsperling

Schmöllner Raum gefunden wurden, so in unterschiedlichen Jahren bei Zschernitzsch, Großstöbnitz, Brandrübel, Nöbdenitz, Nischwitz, Löbichau, Prehna und Zweitschen, einmal auch im Kraschwitzer Holz bei Altenburg. Weniger häufig wurde diese Art als Brutvogel in den großen Waldflächen bei Altenburg und Kohren-Sahlis nachgewiesen.

Weitere typische Feldgehölz-Bewohner im Gebiet sind Star, Amsel, Wacholderdrossel, Ringeltaube, Grünspecht und am Gehölzsaum Neuntöter, Dorngrasmücke und Goldammer. Bis in die 1990er Jahre gehörten auch der vielerorts verschwundene Baumpieper und der stark im Rückgang befindliche Feldsperling dazu. Der Letztere brütet auch in geringer Siedlungsdichte in dorfnahen und gartenstädtischen Streuobstgehölzen. Zunehmend oft wird in Feldgehölzen die Hohltaube als Brutvogel nachgewiesen.

In lichten Gehölzen und Parks am Rande von Wirtschaftsgelände und Dörfern brüten Saatkrähen in Kolonien, die heute in Thüringen auf die Altenburger Region beschränkt sind. Nach Tiefstand um 1950 war dieser Saatkrähen-Bestand bis 1983 auf 230 BP gewachsen, schrumpfte dann aber bis 1996 auf 5 BP (Weissgerber 1997). Schon zuvor, um 1975, lösten sich vermutlich infolge der agrarischen Großflächenwirtschaft fünf kleinere Kolonien von insgesamt ca. 60 BP der Art an der Lössrandstufe zwischen Rositz und Windischleuba auf. In der Zeit dieses Niedergangs verhinderte das Überhandnehmen hochwüchsiger Wintersaaten auf großen Flächen der modernen Landwirtschaft (Getreide, Raps) den Zugang der Saatkrähen zur Bodenoberfläche der Ackerlandschaft. Damit wurde die Quelle der Brutzeit- und Aufzuchtnahrung der Krähenkolonien (zumeist Regenwürmer) in der Region unerreichbar. Eine örtlich veränderte Kulturführung bei Göhren, westlich von Altenburg, erschloss erst 2008 eine gut erreichbare Nahrungsquelle in einem „Fenster der Kulturlandschaft“ (u. a. mehr als 50 ha Buschbohnen, unmittelbar neben Restgrünland). Damit kam es zur erneuten Gründung einer Brutkolonie (anfangs 12 BP; Höser 2008, Höser & Köhler 2009). Aus dieser Neugründung ergab sich unter Verlagerung bis in den Park Ponitz (2017 max. 211 BP) und bei Streuung über weitere Orte ein Saatkrähen-Bestand von ca. 320 BP (Höser & Köhler 2018), gefolgt von leichtem Bestandsrückgang.

▲ **60** *Heckenbraunelle*

▲ **61** *Grünspecht, männlicher Vogel.*

▲ **62** *Wendehals*

▲ **63** *Wiedehopf*

▲ **64** *Rotmilanhorst*

▲ **65** *Habicht & Rotmilan*

▲ **66** *Habichthorst*

▲ **67** *Schwarzmilan*

▲ **68** *Mäusebussardpaar während der Paarung.*

▲ **69** *Wespenbussardpaar gemeinsam am Horst mit Jungvogel, links das Männchen.*

▲ **70** *Baumfalke*

▲ **71** *Brütende Waldohreule im Rabenkrähennest.*

▲ 72 *Saatkrähenkolonie im Park Ponitz.*

▲ 73 *Kolkrabe*

▲ **74** *Saatkrähennest in einer Kolonie bei Trebula.*

▲ **75** *Stare*

▲ 76 *Ringeltaube*

▲ 77 *Rabenkrähe*

▲ 78
Leinawald

3.11 Laubwälder

Die Wälder der Altenburger Region liegen in der Vegetationslandschaft der Eichenmischwalder (Schmidt et al. 2002). Es sind forstwirtschaftlich modifizierte Wälder, die stellenweise als Zeichen der forstlichen Kulturmaßnahmen der letzten 200 Jahre noch kleinflächige Reste von Fichtenbeständen enthalten, die neuerdings durch Laubgehölze ersetzt werden. Die Wälder der Region sind der totalen Verfichtung entgangen, aber in ihrer gegenwärtigen Bewirtschaftung, die fern dem Dauerwaldprinzip steht, haben Naturverjüngung und sanfte Betriebstechniken nicht Vorrang (Bode 2024). Viele Flächen sind neuerdings als Großmaschinen-Forste im Abstandsraster eines Maschinenfahrnetzes zerschnitten. Derzeit überwiegt artenarmer Altersklassenforst. Auf nur sehr kleinem Flächenanteil konnte sich Mischbestockung ansamen und Sukzession eintreten. Beispielgebiet für diese Wälder ist der Leinawald, der sich als Ergebnis menschlicher Tätigkeit (Baade 2012) vom zonalen Tannen-Rotbuchenwald der Zeit der deutschen Landnahme zum heutigen Wirtschaftswald entwickelte, der überwiegend Eichen-Hainbuchenwald ist. Regelmäßig kommen hier wie in den anderen Wäldern der betrachteten Region vorwiegend Trauben- und Stieleiche, Hainbuche, Winterlinde, Bergahorn und Rotbuche vor.

Auf einer ca. 800 ha großen Leinawald-Teilfläche (nördlich der Schneise 9) wurden die zumeist seltenen Brutvögel kartiert (Tab. 2). Im Westen dieser Fläche herrscht grund- und stauwasserbeeinflusster Stieleichen-Hainbuchenwald vor, besonders der mit Zittergrassegge. Daneben stockt auf den Riedeln der grund- und stauwasserferne Traubeneichen-Hainbuchenwald. Im Osten des Leinawalds besteht auf kleinen Flächen bodensaurer Rotbuchenwald, allerdings ohne Tanne. Aufgrund des vogelfaunistisch gekennzeichneten Habitat-Charakters nach Flade (1994) ist

Art	Brutreviere
Nilgans	1
Jagdfasan	1–2
Wespenbussard	1
Habicht	1–2
Sperber	1–2
Rotmilan	1–3
Schwarzmilan	1
Seeadler	1
Mäusebussard	4–7
Waldschnepfe	1
Hohltaube	7–31
Türkentaube	1
Turteltaube	2–7
Kuckuck	4–9

Art	Brutreviere
Waldkauz	1–3
Eisvogel	1
Wendehals	1
Grauspecht	1–4
Grünspecht	3–6
Schwarzspecht	2–3
Mittelspecht	16–41
Kleinspecht	1–3
Pirol	12–23
Neuntöter	1–7
Kolkrabe	4–6
Schwanzmeise	1–3
Sumpfrohrsänger	1–2
Teichrohrsänger	1–2

Art	Brutreviere
Gelbspötter	1
Waldlaubsänger	3–10
Sperbergrasmücke	1–3
Grauschnäpper	1–9
Trauerschnäpper	13–55
Braunkehlchen	1–2
Schwarzkehlchen	1
Nachtigall	1–3
Gartenrotschwanz	1–4
Baumpieper	1–3
Gimpel	1
Rohrammer	1–2

▲ **Tabelle 2:** *Anzahlen der 2014–2022 in Kartierungen ermittelten Brutreviere zumeist seltener Vogelarten auf einer 800 ha großen Teilfläche des bewirtschafteten Leinawaldes. Variationsbreite der Anzahl jährlicher Brutreviere über die Periode von 9 Jahren. Überwiegend Eichen-Hainbuchenwald, ca. 10 % Tiefland-Buchenwald. Nilgans, Sumpfrohrsänger, Teichrohrsänger und Rohrammer treten am östlichen Waldrand auf, der an das Ufer des Stausees Schömbach angrenzt. Braunkehlchen und Schwarzkehlchen wurden am grasigen westlichen Waldrand registriert. Kartierer: N. Höser.*

die kartierte Fläche den beiden Lebensraumtypen Eichen-Hainbuchenwald und Tiefland-Buchenwald zuzuordnen, die hier miteinander verzahnt sind. Diese beiden Lebensraumtypen haben sechs gemeinsame Leitarten der Brutvögel (Flade 1994), nämlich Waldlaubsänger, Trauerschnäpper, Mittelspecht (Tab. 2) und die nicht seltenen Arten Kleiber, Sumpfmeise und Gartenbaumläufer. Lückig im Gebiet verbreitet ist der Waldbaumläufer, der stärker als die vorgenannte Art im ausgedehnten Hochwald auftritt und dort Bereiche beigemischten Nadelholzes bevorzugt. Leitarten der Brutvögel des Leinawaldes sind auch Pirol und Grauspecht (Tab. 2), die Flade (1994) den Eichen-Hainbuchenwäldern zuordnet. Desweiteren sind vier Leitarten nachgewiesen, die ausschließlich die Brutvogelgemeinschaft der Tiefland-Buchenwälder charakterisieren, so das Sommergoldhähnchen, die in Tab. 2 genannten Arten Hohltaube und Grünspecht sowie die Dohle, von der es nur in den 1950er Jahren vereinzelte Bruten in den Rotbuchen des südlichen Waldteils gab. Stete Begleiter dieser Brutvogelgemeinschaften sind Rotkehlchen und Ringeltaube. Die mittlere Siedlungsdichte der Hohltaube betrug auf der 2014–2022 kartierten Leinawald-Fläche 17 BP/800 ha = 0,21 BP/10 ha.
Im grund- und stauwasserbeeinflussten Bereich des kartierten Leinawald-Westteils ist an einem kleinflächigen nassen Erlen-Standort (ca. 1 ha) die Waldschnepfe als Revierinhaber nachgewiesen (Tab. 2). Ab 1994 gab es im Leinawald bis ins folgende Jahrzehnt in mehreren Jahren ein einzelnes Revierpaar des Schwarzstorchs und für diese Art zwei Brutnachweise (1994: 1 juv. flügge; 2000: auf Fichte 4 juv.). Ein weiteres Paar der Art machte 1995/96 Brutversuche auf Eichen im benachbarten Deutschen Holz.
Erstmals 2004 brütete der Seeadler im Leinawald (Höser 2004, Steinbach 2005), was die erste Brut der Art in Thüringen war. An diesem einzigen Standort der Altenburger Region wurde in den folgenden 20 Jahren alljährlich ein Revierpaar der Art nachgewiesen, das in nahezu allen Jahren Nachwuchs hatte.

Auf der kartierten Leinawald-Fläche konnten die Reviere von insgesamt 68 Brutvogelarten nachgewiesen werden, so neben den in Tab. 2 genannten zumeist seltenen Arten auch regelmäßig Amsel, Blaumeise, Buchfink, Buntspecht, Eichelhäher, Feldsperling, Gartenbaumläufer, Gartengrasmücke, Heckenbraunelle, Kernbeißer,

79 ▸
Waldbaumläufer

Kleiber, Kohlmeise, Misteldrossel, Mönchsgrasmücke, Rabenkrähe, Ringeltaube, Rotkehlchen, Singdrossel, Sommergoldhähnchen, Star, Stockente, Sumpfmeise, Tannenmeise, Waldbaumläufer, Wintergoldhähnchen, Zaunkönig und Zilpzalp. Für viele Vogelarten spielt der Anteil der Eichen eine wichtige Rolle, da die lichten Kronen dieser Baumart die Entwicklung einer reichen Strauch- und Krautschicht zulassen, was zu einem reichhaltigen Nahrungsangebot führt. Die in Tab. 2 bei Höhlenbrütern (z. B. Hohltaube, Mittelspecht, Trauerschnäpper) auffallend große Variationsbreite der ermittelten Anzahl der Brutreviere ist teilweise durch Holzernte verursacht. Nachweise vom Brüten des Erlenzeisigs in der betrachteten Region sind selten (Höser et al. 1999). Sie fehlen seit zwei Jahrzehnten, vermutlich infolge der drastischen Reduzierung der hier nicht standortgemäßen Fichten-Bestände. 2005 und 2006 gab es im alten gewässernahen Buchenbestand des östlichen Leinawald-Randes zwei brutverdächtige Weibchen der Schellente (N. Höser).

▲ **80** *Buchfink, männlicher Vogel.*

▲ **81** *Kleiber*

▲ **82** *Sommergoldhähnchen*

▲ **83** *Waldlaubsänger*

▲ **84** *Buntspecht, badender Vogel im Jugendkleid.*

▲ **85** *Schwarzspecht, weiblicher Vogel.*

▲ **86** *Trauerschnäpper, schlicht gefärbter männlicher Vogel.*

▲ **87** *Misteldrossel*

▲ **88** *Waldkauz, Altvogel bei der Jagd.*

▲ **89** *Kernbeißer*

▲ **90** *Sumpfmeise*

▲ **91** *Hohltaube*

▲ **92** *Gimpel, männlicher Vogel.*

▲ **93** *Eichelhäher*

▲ **94** *Tannenmeise*

▲ **95** *Rotkehlchen*

▲ **96** *Sperberpaar kurz vor der Paarung.*

▲ **97** *Seeadler, Altvogel beim Trinken.*

▲ **98** *Pirol, weiblicher Vogel am Nest.*

▲ **99** *Schwarzstörche in der Pleiße-Aue bei Gößnitz. Links Jungvögel, rechts Altvögel.*

▲ **100**
Spontaner Birken-Aufwuchs auf der Kippe der Kiesgrube Goldschau.

3.12 Kahlschläge, Ruderalflächen, Kippen, Halden, Kiesgruben

Die Kahlschläge und Ruderalflächen sind heute im Gebiet seltener geworden und kleinflächiger als vor Jahrzehnten. Als Methoden der normalen Holznutzung in der Forstwirtschaft des Gebiets überwiegen jetzt Nutzungsformen, die dem Femelschlag und der Plenterung ähnlich sind. Daneben erfolgt im Zuge des laufenden Waldumbaus seit ca. zwei Jahrzehnten eine verstärkte Fichten-Abholzung durch begrenzten Kahlschlag. Der Eingriff in die (nicht standortgemäßen) Fichtenbestände reduzierte z. B. drastisch das insulare Vorkommen der Tannenmeise im Leinawald (Höser 2022 b). Diese Flächen werden kurzfristig mit Laubholz aufgeforstet. Die dann über mehrere Jahre dort existierende Brutvogelgemeinschaft der jungen Sukzession des Kahlschlags, die sich im Gebiet durch die Leitarten Bluthänfling, Heckenbraunelle und Feldschwirl auszeichnet, bei spontanem Birken-Aufwuchs auch vom Fitis beherrscht wird, hat heute im Altenburger Lösshügelland nur geringen Anteil am Brutvogel-Bestand der Wälder. Sie konnte noch in den 1960er Jahren häufig festgestellt werden, so z. B. im Pahnaholz und Deutschen Holz auf zwei Flächen (ca. 40 ha). In den durch heutigen Femelschlag geschaffenen „Löchern" im Hochwald der Region treten nur vereinzelt Heckenbraunelle oder Feldschwirl als Revierinhaber auf.

Die Brutvogelfauna vorhandener Ruderalflächen im Siedlungsbereich des Lösshügellands ist aufgrund ihrer Beschränkung auf geringe Fläche zumeist vonseiten der Nachbarhabitate überprägt. Die Spuren ruderaler Flächen im Vorgelände der Braunkohletagebaue sind im Laufe der Jahrzehnte weitgehend durch Bewaldung verschwunden. Die charakteristischen Leitarten unter den Brutvögeln der Ruderalflächen, Feldschwirl, Schwarzkehlchen, Gelbspötter, treten heute nur vereinzelt auf kleinsten Habitatinseln des Offenlands auf. So kommt das Schwarzkehlchen

auf trockenen Böschungen des offenen Geländes vor, z. B. an Bahndämmen, Deichen und auf aufgelassenen grasigen Habitatinseln.
Flächenmäßig Bedeutung als Trockenbiotope haben heute im betrachteten Lösshügelland nur wenige Kippen am Rand ausgebeuteter Braunkohle- oder Kiesgruben, einzelner Halden und trockener Spülfelder, die im Gefolge des Braunkohleabbaus entstanden und noch nicht geschlossen bewaldet sind. Dazu gehört z. B. die Tonhalde Haselbach (ca. 55 ha) des ehemaligen Braunkohletagebaus. Auf diesem Gelände kommen als Leitarten der Trockenbiotope vor: Brachpieper (mehrere BP), Nachtschwalbe (1 – 2 BP), Feldschwirl (1 – 2 BP), Neuntöter (mehrere BP) und Steinschmätzer (1 – 3 BP). Brachpieper und Nachtschwalbe besiedeln generell die mageren, sandigen Böden am Rand und im Vorfeld der Kiesgruben und aufgelassenen Tagebaue. Der Brachpieper hatte um 1965 sein Bestandshoch in der Altenburger Region, dem Schwerpunkt seiner Brutvorkommen in Thüringen. Die fast vegetationslosen Haldenbereiche der damals noch aktiven Braunkohletagebaue und der späteren Kiesgruben boten dieser Art angemessene Bruthabitate. Hier gab es in der Region ca. 20 BP der Art (Brutreviere bei Starkenberg, Rusendorf, Schnauderhainichen, Prößdorf, Thräna, Pahna, Zechau, Ruppersdorf, Gröba, Kayna, Flemmingen, Niedersteinbach, Schömbach).
Der Steinschmätzer, die zentrale Charakterart der Trockenbiotope (Flade 1994), tritt im Gebiet besonders als Brutvogel der Kiesgruben hervor, dort bevorzugt an den aufgetragenen Schutthalden, wo er wie der Hausrotschwanz eine Leitart ist. Die Heidelerche ist im betrachteten Gebiet ein sehr seltener Brutvogel, da ihre bevorzugten Habitate, alter lockerer unterholzloser Kiefernforst und zugehörige Kahlschläge, hier nicht ausgeprägt sind. Bis in die 1990er Jahre gab es am nördlichen Rand des Kammerforsts, auf trockenem sandigem Vorgelände des Tagebaus Haselbach und auf der Tonhalde Haselbach, mehrere Brutreviere der Heidelerche, die im Laufe des Aufwuchses von Jungholz verschwanden.
Der Sand- und Kiesabbau, der im betrachteten Gebiet wie zuvor der Braunkohlebergbau intensiv um sich greift, hinterlässt Abgrabungen in den Decken von Lösslehm und Sand, deren steil angeschnittene Wände Schichten bieten, in die Uferschwalben und Bienenfresser ihre Bruthöhlen graben. So sind in den Kiesgruben der Region große, oft mehr als 100 Brutröhren umfassende Uferschwalben-Kolonien entstanden; die größten (> 400 BP) wurden in den Gruben bei Niedersteinbach und Flemmingen kartiert. Derartige Koloniestandorte von mehr als 70 Jahren Dauer gab es in der Kiesgrube bei Knau am Nordrand Altenburgs.

101 ▶
Schwarzkehlchen, männlicher Vogel während der Mauser im August.

▲ **102**
Uhu im Brutrevier bei Schmölln.

Der erste Brutnachweis des Bienenfressers im Altenburger Lösshügelland gelang 2010 im Kiesabbaugebiet bei Starkenberg, nachdem die Art große Bestände im benachbarten Südosten Sachsen-Anhalts aufgebaut und das anschließende Ronneburger Bergbaugebiet besiedelt hatte (Lumpe & Lieder 2009, Köhler 2010). In der Folge konnten an mehreren Orten um Altenburg Brutpaare des Bienenfressers beobachtet und ihre Bruthöhlen gefunden werden, sowohl einzelne als auch mehrere kolonieartig angelegte, letztere z.B. in den Sandgruben bei Windischleuba, Niedersteinbach (2023 max. 6 BP) und Flemmingen.

Seit 1955 ist die Sturmmöwe Brutvogel des betrachteten Gebiets, das sie in mehreren Wellen besiedelte, so dass ihr Bestand 1962, 1985/86, 2012 und 2016 gipfelte und Maxima von 13–35 BP erreichte (Köhler & Höser 2017). Während die Art anfangs an Grubenseen des Braunkohlebergbaus auf Kiesinseln oder bodennah auf Holzschwellen über kiesigem Grund brütete, kam es erstmals 1994 in der Kiesgrube Kostitz und ab 2008 in allen untersuchten Kiesgruben des Gebietes zum Nisten auf Geräten des Kiesabbaus, so auf Kiesbaggern, Förderbändern, Portalkranen, auf der Bandanlage eines Kies-Verladebahnhofs, auf einem Saugbagger und einem Schwimmbagger mit Förderbandanlage. Nestunterlagen an diesen Standorten waren u.a. Gitterroste, Stahlträger, Pontons, Antriebsmotoren, Gittermast-Plattformen und Flachdächer. Diesen Habitatwechsel verursachte möglicherweise der Prädatorendruck vonseiten der Waschbären.

Der Uhu, der bisher in Mitteldeutschland als Brutvogel der Felsmassive und bewaldeten Steilhänge bekannt war, hat neuerdings seinen Lebensraum und damit sein Brutgebiet an der Nordabdachung des Erzgebirges in das Altenburger Lösshügelland erweitert. Denn 2024 konnte die erste erfolgreiche Brut dieser Eule in der ungestörten Steilwandnische einer aktiv betriebenen Kiesgrube bei Schmölln festgestellt werden (T. Pröhl).

▲ **103** *Nachtschwalbe*

▲ **104** *Fitis mit eben flüggen Jungvögeln.*

▲ **105** *Sturmmöwe*

▲ **106** *Turteltaube*

▲ **107** *Bienenfresser*

▲ **108** *Heidelerche*

◂ **109**
Steinschmätzer, männlicher Altvogel.

◂ **110**
Uferschwalben

◂ **111**
Brachpieper

▲ **112**
Die bäuerlich geprägten dörflichen Siedlungen zeichnen sich durch Gürtel und innerdörfliche Flächen von älteren Streuobstgehölzen aus. Im Bild eine Streuobstwiese bei Posterstein.

3.13 Siedlungen

Die Siedlungen des Altenburger und Ostpleißnischen Lösshügellands sind überwiegend Dörfer. 14 charakteristische Leitarten gehören zu den Brutvögeln der Dörfer (Flade 1994). Zwölf davon kommen heute noch in der betrachteten Region vor, nämlich Gartenrotschwanz, Hausrotschwanz, Grauschnäpper, Feldsperling, Haussperling, Mehlschwalbe, Rauchschwalbe, Bachstelze, Stieglitz, Bluthänfling, Weißstorch und Schleiereule. Die Grauammer und der Steinkauz sind im dörflichen Lebensraum der Region verschwunden. Die Leitarten der Brutvögel städtischer Siedlungen (Innenstädte, Wohnblockzonen, Industriegebiete) sind in der betrachteten Region Türkentaube, Dohle, Haussperling, Mehlschwalbe, Straßentaube, Schleiereule, Hausrotschwanz, Turmfalke, Mauersegler und Haubenlerche (Flade 1994).
Im Zuge der Verlagerung der landwirtschaftlichen Tierproduktion aus den Gehöften in außerdörfliche Anlagen kam es bei der Rauchschwalbe zu örtlicher Konzentration des Brutbestands abseits mancher ursprünglicher Dorfgestalt und zugleich zur Abnahme des Gesamtbestands der Art im Territorium. Mit der Zunahme der Bodenversiegelung und der Umgestaltung der Gehöfte reduzierte sich drastisch der Brutbestand der Mehlschwalbe (1962/1982/2024 in Windischleuba 162/78/25 BP; 1983/2000 in Pähnitz 124/32 BP). Auch Feldsperling und Haussperling sind im Dorfbereich auf dem Rückzug, letztgenannter besonders infolge von Gebäudesanierung und Bodenversiegelung. In den Dörfern konzentrieren sich die Haussperlinge noch dort, wo Viehhaltung stattfindet und den Vögeln der Rückzug in schützende Hecken und Dickichte möglich ist.
Der Steinkauz ist im Altenburger Lösshügelland in den 1970er Jahren mit den meisten alten, höhlenbietenden Obstbäumen der Bauerngärten verschwunden. Das

▲ **113**
Stadt Schmölln. Dichte Wohnbebauung im Zentrum, Übergang zu den gartenstädtischen und gehölzreichen Bereichen des Stadtrandes.

letzte Brutvorkommen der Art am Stadtrand von Altenburg (bei Steinwitz) erlosch nach 1975; die letzten Brutpaare im Schmöllner Raum, so bei Podelwitz/Gieba/Großmecka, Jonaswalde/Thonhausen, Stolzenberg, Großstöbnitz und Kakau/Hartroda, verschwanden ab etwa 1995. Wiederansiedlungsversuche blieben erfolglos. Die Grauammer hat sich nach der Vernichtung ihrer Brutbestände in den umgebenden Feldlandschaften mittlerweile auch aus dem dorfnahen Bereich zurückgezogen (s. Kap. 3.9). Auch der Bluthänfling ist auf dem Rückzug (Höser 2022, Weissgerber 2024). Der Alpenbirkenzeisig hatte 1985 erfolgreich in Nobitz gebrütet und in den 1990er Jahren mehrere Brutreviere im anschließenden Ostpleißnischen Hügelland gegründet (Höser et al. 1999), was einen zeitweiligen Zusammenhang mit seiner damaligen Ausbreitung auf der Nordabdachung des Erzgebirges nahelegt.
Trotz starker Einbußen, die infolge des jüngsten Schubs der Gebäudesanierung stattfanden, gehören in den städtischen Siedlungen Haussperling, Straßentaube und Mauersegler noch zu den charakteristischen Arten, bei einem Minimum an Baumbestand auch die freibrütende Türkentaube (Tab. 3). Allerdings gab es in den am stärksten versiegelten, von Stein- und Betonbauten beherrschten und modernisierten Stadtteilen beim Mauersegler und besonders beim Haussperling einen drastischen Bestandsrückgang. In den mit Gehölzen und Grünanlagen durchsetzten gartenstädtischen Siedlungen brütet als Leitart der Girlitz. Hier und in den Parks nisten zahlreiche übrige Arten (Tab. 3), die aus den halboffenen Landschaften (z. B. Elster) und Wäldern (u. a. Ringeltaube) eingewandert sind und sich zunehmend verstädtern (Amsel, Grünfink, Rotkehlchen). Die Haubenlerche behauptet noch ihre letzten Brutreviere in den städtischen Wohnblockzonen, die abseits der in Tab. 3 erfassten Kartierungsroute liegen.

Die Route der Stadtvogel-Kartierung in Altenburg (Tab. 3) reicht an ein Stück eines Teichufers heran, daher wurden auch Nilgans, Stockente, Blässralle und Teichrohrsänger erfasst. Die Arten Star, Feldsperling und Stieglitz konzentrieren

Art	Reviere
Nilgans	1
Stockente	1–3
Rotmilan	1
Turmfalke	1
Blässralle	1
Straßentaube	3–20
Ringeltaube	7–43
Türkentaube	15–54
Kuckuck	1
Waldkauz	1
Mauersegler	5–59
Grünspecht	1–3
Buntspecht	1–5
Rauchschwalbe	1
Gebirgsstelze	1
Bachstelze	1–3
Zaunkönig	1
Heckenbraunelle	1
Rotkehlchen	1
Nachtigall	1–2
Hausrotschwanz	3–26
Gartenrotschwanz	1–4
Amsel	30–74
Wacholderdrossel	1–2
Singdrossel	1–3
Teichrohrsänger	1
Gelbspötter	1
Klappergrasmücke	1–6
Gartengrasmücke	1
Mönchsgrasmücke	14–28
Zilpzalp	3–8
Grauschnäpper	1
Trauerschnäpper	1–5
Schwanzmeise	1
Sumpfmeise	1
Blaumeise	6–34
Kohlmeise	23–42
Kleiber	1–6
Gartenbaumläufer	1
Pirol	1
Eichelhäher	2
Elster	3–13
Dohle	1
Rabenkrähe	1–4
Star	7–22
Haussperling	98–155
Feldsperling	4–19
Buchfink	6–24
Girlitz	1–4
Grünfink	7–67
Stieglitz	1–4
Bluthänfling	1
Kernbeißer	1

▲ **Tabelle 3:**
Anzahlen der Reviere sämtlicher Brutvogelarten, die 2005–2022 bei jährlich vier Linienkartierungen (März, April, Mai, Juni) entlang einer festgelegten ca. 3 km langen Route im Gartenstadt- und Wohnblockbereich der Stadt Altenburg festgestellt wurden. Variationsbreite der Anzahl jährlicher Brutreviere über die Periode von 18 Jahren. Kartierer: N. HÖSER.

sich in Kleingartenanlagen. Bei mehreren Arten fällt die binnen zwei Jahrzehnten große Schwankungsbreite der Revieranzahl auf. Diese resultiert bei Mauersegler, Hausrotschwanz und Grünfink aus drastischen Bestandsabnahmen während der 18 Kartierungsjahre und widerspiegelt bei den beiden erstgenannten Arten wahrscheinlich großenteils Nistplatzmangel durch erfolgte Gebäudesanierungen, beim fast ausschließlich Samen fressenden Grünfink deutet es vermutlich auf das Versiegen arttypischer Nahrungsquellen durch die aufkommende sterile, wildsamenarme Garten- und Rasenmäherkultur. Der Fortbestand der historischen Altenburger Bauernhöfe ist gefährdet, damit in den modernisierten Gehöften auch die Nischen, die den dörflichen Schleiereulen-Bestand, die Mehlschwalben-Kolonien und die Rauchschwalben-Brutplätze bewahren.

Bestandteil der Altenburger Bauernhöfe sind die Streuobstwiesen, die nicht nur die Natur der Höfe ergänzen, sondern zumeist einen Saum um die Dorfanlage bilden. Viele dorftypische Streuobstwiesen wurden beseitigt. Auf ihren nistkastenlosen Restflächen, die jetzt oft intensiv beweidet werden, überwiegen die Höhlenbrüter, vor allem Star und Kohlmeise. Neben diesen beiden Arten wurden auf einer Streuobstwiese (6 ha) bei Lohma a. d. Leina einzelne Brutreviere von Amsel, Blaumeise, Buchfink, Buntspecht, Gartenbaumläufer, Gartenrotschwanz, Ringeltaube, Singdrossel, Stieglitz und Türkentaube nachgewiesen, während dort Bodenbrüter völlig fehlten. An derartigen Standorten sind seit 2021 in Obstbaum-Überhältern vereinzelte Brutplätze des Wiedehopfs bekannt geworden, so bei Grünberg, Windischleuba und Benndorf, was Wiederkehr der Art in ehemaliges Brutgebiet andeutet.

Die Ausbreitung des Alpenbirkenzeisigs in das nördliche Vorland des Erzgebirgsraums zeigte sich 1985, als in einer Gartenanlage in Nobitz erstmalig eine erfolgreiche Brut dieser Vogelart nachgewiesen wurde (ROST et al. 1987, STEFFENS et al. 1998 b). Inzwischen siedelte sich die Art an wenigen weiteren, ähnlich geprägten Orten der Region an (HÖSER et al. 1999).

▲ **114** *Weißstorch mit Bruterfolg, 2024 in Schmölln, Weststraße.*

▲ **115** *Rauch- und Mehlschwalben*

▲ **116** *Schleiereule bei der Jagd in einer Streuobstwiese bei Kummer.*

▲ **117** *Gartenrotschwanz, männlicher Vogel.*

▲ **118** *Hausrotschwanz, männlicher Vogel.*

▲ **119** *Haussperlingspaar*

▲ **120** *Rauchschwalbenpaar während der Paarung.*

▲ **121** *Mehlschwalbe beim Sammeln von Niststoffen.*

▲ **122** *Mauersegler*

▲ **123** *Bachstelze während der Mauser im August.*

▲ **124** *Stieglitz bei der Nahrungsaufnahme.*

▲ **125** *Elster*

▲ **126** *Girlitz*

▲ **127** *Grünfink bei der Nahrungsaufnahme.*

▲ **128** *Türkentaube*

▲ **129** *Amsel, männlicher Vogel.*

▲ 130
Wanderfalke am Nistplatz Förderturm Löbichau

3.14 Durch Menschenhand geförderte Brutvogelarten

Die am weitesten verbreitete Art von Nisthilfen für Vögel sind die volkstümlich üblichen Nistkästen für Halbhöhlen- und Höhlenbrüter, die in Kleingarten- und Parkanlagen, in Wäldern und auf privaten Grundstücken der Siedlungen angebracht werden. Als Höhlenbrüter-Nistkästen aus Holz oder Holzbeton finden am häufigsten zwei Arten Verwendung, die sich im Durchmesser des Einfluglochs unterscheiden: 32 mm Einflugloch-Durchmesser für Kohl- und Blaumeise, Sumpfmeise, Trauerschnäpper, Kleiber und Feldsperling; 45 mm für Star und Wendehals.
In den 1950er bis 1970er Jahren betreuten Naturschutzhelfer mehrere hundert Nistkästen mit 32 mm Einflugloch-Durchmesser, die sie im Deutschen Holz, Pahnaholz, Kammerforst, Lödlaer Holz, Fasanerieholz Priefel und weiteren Gehölzen in Abstimmung mit dem Forstwirtschaftsbetrieb und der Unteren Naturschutzbehörde angebracht hatten. Die Betreuung umfasste die Kontrolle des Bruterfolgs und die Säuberung und eventuell nötige Reparatur der Kästen nach der Brutzeit. Diese Nisthilfen sollten vor allem Eingriffe der Kahlschlagwirtschaft in den Bruthöhlenbestand des Waldes ausgleichen und Vogelberingungen ermöglichen. Daneben wurde in den 1960er Jahren im Pahnaholz, Deutschen Holz und Luckaer Forst auch ein Dutzend Nistkästen einer sehr großen Variante für den Waldkauz und die Hohltaube aufgehängt, in denen die Arten erfolgreich brüteten.
In den 1990er Jahren, als allerorts in der Region der Rückbau von Industrieanlagen und bäuerlichen Gehöften und die umfassenden Gebäudesanierungen einsetzten, was zu sichtbaren Verlusten zahlreicher Vogelbrutplätze führte, wandten sich mehrere Naturschutzhelfer verstärkt dem Anbringen von Nisthilfen für Vögel und Fledermäuse zu. Dabei richtete sich der Blick in erster Linie auf die unmittelbar im Bereich menschlicher Siedlungen bestehenden Nistplatz-Defizite (z. B. bei

◂ 131
Turmfalkenbrutplatz in einem stillgelegten Trafoturm bei Nödenitzsch.

◂ 132
Star; zum Winterausgang und im Vorfrühling bilden die Beeren des Efeus oft die letzte verbliebene Nahrung für zahlreiche überwinternde Vögel und zeitige Wiederkehrer.

Mauersegler, Dohle, Turmfalke, Mehlschwalbe), aber auch auf die im Freiland der Region festgestellten Verbreitungslücken bei Fischadler, Wanderfalke und Wiedehopf. Die meisten Nisthilfen wurden von Schmöllner Naturfreunden installiert, desweiteren auf deren Anregung und Beratung hin zahlreiche von Dritten angebracht. So kam es in der Stadt Schmölln zu ca. 150 Nisthilfen für Mauersegler, im Schmöllner Raum zu ca. 490 Nisthilfen für Dohlen (Pröhl & Weissgerber 2022), auch mehr als 30 für Turmfalken, und zu 7 Türmen für Mehlschwalben mit insg. 280 Kunstnestern, desweiteren zu ca. 100 Mehlschwalben-Kunstnestern bei mehreren Einzelpersonen. Für den Fischadler wurden auf Masten der Hochspannungsleitungen dank Energieversorger vier Nisthilfen angebracht, davon sind drei besetzt (zwei bei Windischleuba, einer beim Haselbacher See). Für den Wanderfalken wurden ebenfalls vier Nisthilfen geschaffen, davon sind drei besetzt (Förderturm Löbichau, Wasserturm Schmölln, Kraftfuttermischwerk Altenburg). Im Schmöllner Raum wurden für den Wiedehopf 22, für die Schleiereule ca. 45 und für den Turmfalken ca. 60 Nisthilfen geschaffen. Die im Gebiet vorhandenen Weißstorch-Horste wurden um die Nisthilfen für 8 weitere Horste ergänzt.

133 ▸
Dohlen nisten an einer Schmöllner Hauswand, die ein Symbol der „Knopfstadt" Schmölln trägt.

▲ **134** *Blaumeise, regelmäßiger Nistkastenbewohner.*

▲ **135** *Kohlmeise, häufigster Nistkastenbewohner.*

▲ **136** *Dohlenturm Löbichau*

4 Vögel als Durchzügler, Nahrungsgäste und Wintergäste

Im Folgenden wird von großen Ansammlungen einiger Vogelarten berichtet. Diese datierten Angaben charakterisieren den jeweiligen Lebensraumtyp des Fundorts und markieren jahreszeitliche Vorgänge in der Vogelwelt. Die Vogelansammlungen über die Jahreszeiten, die an einem Fundort oder in einem Lebensraumtyp festgestellt werden, können in Säulendiagrammen dargestellt werden. Da zumeist lückige Datenreihen vorliegen, werden gewöhnlich um eines ersten Einblicks in die Phänologie willen die Datenreihen mehrerer Jahre für ein Diagramm zusammengefasst. Das gibt erste Orientierung und ist die häufigste angewandte Methode, das Vorkommen der Vogelarten zu beschreiben (z. B. Steffens et al. 1998 b). Es verdeckt jedoch viele zeitliche Strukturen eines einzelnen Jahresgangs weitgehend. Dem Sammeln sporadischer Beobachtungsdaten ist geschuldet, dass gewöhnlich auch die meisten veröffentlichten graphischen Übersichten aus der Altenburger Region dieser Methode folgen. Präzisere Bilder sind möglich und in speziellen Beiträgen veröffentlicht, z. B. aus Daten hoher Dichte und aus derselben Hand, wie sie für die zwei Wegzugperioden 1962 und 1963 des Bruchwasserläufers am Stausee Windischleuba angefertigt wurden. Das machte weiterführende Aussagen zu Details des Wegzugs dieser Vogelart möglich (Frieling 1966). Die folgenden Angaben sollen die Lebensräume des Gebiets charakterisieren. Sie resultieren aus einer Auswahl der gesammelten Daten. Von Vogelarten, die nur in geringer Anzahl oder vereinzelt auftraten, wird daher wenig berichtet.

4.1 Vögel an Gewässern und in Verlandungszonen

In nährstoffreichen Auengewässern des betrachteten Gebiets und ihre Verlandungs- und Uferzonen leben große Mengen von Mollusken, Kleinfischen, Insekten und Insektenlarven, Plankton, submerser Vegetation und Pflanzenresten, die reichhaltige Nahrung für viele Vogelarten sind, sowohl für Brutvögel als auch für Nahrungsgäste. Für den dauerhaften Fortbestand dieser Nahrungsquellen sorgt das dynamische Wasserregime dieser Ökosysteme.

An diesen Orten hoher Insekten-Produktion erscheinen regelmäßig insektenfressende Vogelarten als Nahrungsgäste im Luftraum über den Gewässern. So kommt es z. B. im Hoch- bis Spätsommer über den größeren Fischteichen und Stauseen des Gebietes zu lokalen Ansammlungen von Nahrung erbeutenden Mauerseglern, Mehlschwalben, Rauchschwalben und Uferschwalben. Am Stausee Windischleuba kamen z. B. am 18.09.1962 ca. 1 000 Mehlschwalben im Schutze des Stausee-Dammes (Frieling 1964 b), am 03.07.1980 >1 000 Mauersegler und am 21.9.1990 >2 000 Rauch- und >1 000 Uferschwalben zusammen. Bis in die 1990er Jahre traten hier noch hunderte Vögel von jeder dieser Arten auf. Jedoch sind diese Ansammlungen, besonders die der Rauch- und Mehlschwalben, seit Jahren sehr geschrumpft.

Sowohl die Stauseen, die in die Flussläufe von Pleiße und Wyhra eingebunden sind, als auch die eutrophen Fischteiche des betrachteten Gebiets bieten vielen Vogelarten, besonders den Entenvögeln und den im Binnenland weniger häufigen Watvögeln und Schnepfenvögeln (Limikolen), im nährstoffreichen Flachwasser und in den angrenzenden feuchten Ufer- und Verlandungszonen ein reiches Nahrungsspektrum. Hier ernähren sich in Bereichen mittlerer bis größerer Wassertie-

◀ **137**
Rotfußfalken als Durchzügler in der Agrarflur des südlichen Teils der Region.

fe die tauchenden Tafelenten und Reiherenten, letztere besonders von den Dreikantmuscheln auf dem Gewässergrund.
Jene Entenarten, die gründelnd Nahrung erwerben, bevorzugen demgegenüber zumeist das Flachwasser. Besonders die Krickenten, Schnatterenten und Löffelenten suchen dabei die verlandenden Gewässerbereiche auf, die erstgenannte Art vorzugsweise die frischen Schlammflächen. Die wichtigsten Anziehungspunkte für die gründelnden Entenarten sind die Bodenschlammfauna, Plankton, die im Flachwasser stellenweise gedeihenden Wasserpflanzen und der vom Fluss eingetragene pflanzliche Detritus in hoher Nahrungsdichte. Diese Gewässer ziehen neben den vorherrschenden Entenvögeln auch zahlreiche andere Nahrungsgäste, Durchzügler, Rastende und Wintergäste an, z.B. Störche, Reiher, Kormorane, Greifvögel, Rallen, Möwenverwandte. Dafür ist der Windischleubaer Pleiße-Stausee ein hervorragendes, treffendes Beispiel. Besonders die Flachwasser- und Schlammbereiche in der Verlandungszone dieses Gewässers sind ständige Nahrungsquellen für große Mengen rastender Wasservögel (Tab. 4).

Der Nährstoffreichtum im Flachwasser des eutrophen Stausees Windischleuba hatte im Herbst 1980 eine Massenentwicklung von frei im Wasserkörper flottierenden Algen ausgelöst und damit eine pflanzliche Nahrungsquelle geschaffen, die zur starken Zunahme des Blässrallen-Bestands führte. So sammelten sich dort vom 06.09. bis 09.11.1980 mehr als 1250, vom 03.10. bis 21.10. sogar mehr als 4000 Nahrungsgäste dieser Art (Tab. 4). Der Vorgang wiederholte sich, so z.B. mit max. >2300 Blässrallen am 20.09.1984.

▼ **Tabelle 4:** *Maxima der Rastbestände häufiger Wasservogelarten im Bereich des Stausees und Teichgebiets Windischleuba (Wasserfläche max. 175 ha).*

Art	Maximum der Rastvögel	Datum	Quelle
Höckerschwan	154	01.06.2002	N. Höser
Singschwan	114	19.01.2003	N. Höser
Nilgans	233	06.10.2021	N. Höser
Saatgans und Blässgans	ca. 33000	25.11.1994	Höser 2019
Saatgans	ca. 25000	25.11.1994	Höser 2019
Blässgans	11300	19.02.1996	Höser 2019
Stockente	ca. 10000	08.02.1958 u. Ende Nov. 1970	Trenkmann & Karg 1960, Frieling 1971
Krickente	ca. 5000	Ende Nov. 1970	Frieling 1971
Knäkente	1018	15.08.1970	Frieling 1971
Schnatterente	727	30.09.2018	Höser 2024
Löffelente	424	06.11.1991	Höser & Weissgerber 2018
Tafelente	1589	26.01.1986	Höser & Weissgerber 2018
Reiherente	1015	22.03.1981	N. Höser
Gänsesäger	170	31.01.1997	Höser & Weissgerber 2018
Blässralle	4850	11.10.1980	N. Höser
Zwergmöwe	112	27.04.1977	Frieling et al. 1980
Lachmöwe	8500	08.05.1973	Frieling & Höser 1975b
Sturmmöwe	1800	28.01.2001	N. Höser
Trauerseeschwalbe	250	01.05.1973	Frieling & Höser 1975b

▲ **138**
Reiherenten, links männlicher, rechts weiblicher Vogel.

Der Übergang vom Flachwasser zum vegetationslosen Sediment der Verlandungszone ist besonders für rastende Wat- und Schnepfenvögel (Limikolen), aber auch für andere Nahrungsgäste schlammiger Ufer attraktiv. An den Fischteichen, die jährlich abgelassen und abgefischt werden, treten in wochenlangen Perioden des niedrigen Wasserstands in Flachwasserpfützen und nassen schlammigen Uferzonen neben Limikolen auch Kleinvogel-Arten der Feuchtlebensräume sowie Möwen, Reiher und Störche auf.

Ein aufschlussreiches Beispiel der Bindung der Limikolen an derartigen Lebensraum zeigt die vogelfaunistische Geschichte der Verlandungszone des Stausees Windischleuba: Zweimal, mit dem ersten Anstau ab 1953 und nach der 1969 erfolgten Schlämmung des Gewässers, bildeten sich im Stausee große Schlammflächen, die sich infolge des starken, aus dem Lössgürtel kommenden Sedimenteintrags der Pleiße über Jahre hin ausbreiteten und von der Stauwurzel her gegen den Staudamm vorrückten. Wesentlichen Anteil an diesem Sedimenteintrag hat die agrarische Landnutzung im Fluss-Einzugsgebiet, wo sie ungeachtet der Erosion des Lössbodens stattfindet. In der Zeit vor dem aufkommenden Bewuchs der Sedimente zogen diese Schlammflächen und das angrenzende Flachwasser große artenreiche Mengen der durchziehenden und rastenden Limikolen an, die im Binnenland mangels geeigneter Habitate seltener als Durchzügler auffallen.

Als größte tägliche Trupps wurden im Herbst 1954 u.a. 35 Sandregenpfeifer, 50 Sichelstrandläufer und 80 Alpenstrandläufer gezählt (Frieling 1958), im Herbst 1970 waren größte tägliche Trupps u.a. 1165 Kiebitze, 51 Goldregenpfeifer, 41 Rotschenkel, 191 Bruchwasserläufer, 101 Flussuferläufer, 42 Zwergstrandläufer, 254 Alpenstrandläufer, 61 Sichelstrandläufer, 220 Kampfläufer (Frieling & Höser 1973), im Herbst 1972 max. 115 Zwergstrandläufer (Frieling & Höser 1975 a).

▲ **139** *Singschwäne, Haselbacher Teiche. Im Vordergrund vier Jungvögel und ein Altvogel.*

▲ **140** *Höckerschwäne*

▲ **141** *Gänsesäger, männlicher Vogel.*

▲ **142** *Zwergsäger, männlicher Vogel.*

▲ **143** *Silbermöwe*

▲ **144** *Eismöwe im Jugendkleid. Seltener Wintergast, 22.11.2007 am Stausee Schömbach.*

▲ **145** *Schwarzstorch*

▲ **146** *Silberreiher in den Haselbacher Teichen.*

Im Mai 1973 bildeten u.a. 210 Kampfläufer den größten Heimzügler-Trupp ihrer Art an diesem Rastplatz. Im Herbst 1973 hielten sich ebenda u.a. als größte Wegzügler-Trupps auf: 85 Flussregenpfeifer, 70 Goldregenpfeifer, 26 Kiebitzregenpfeifer, 100 Dunkle Wasserläufer, 82 Grünschenkel, 181 Flussuferläufer, 17 Temminckstrandläufer, 278 Kampfläufer (Frieling & Höser 1975b). Am 16.05.1976 wurden dort 9 Sanderlinge festgestellt, im Spätsommer 1976 kamen max. 21 Steinwälzer und 17 Pfuhlschnepfen an diesen Rastplatz (Frieling et al. 1978), am 25.07.1974 waren ebenda 37 Uferschnepfen (Steffens et al. 1998b). In mehreren Wegzug-Perioden gab es Trupps von ca. 200 Bekassinen. Im November 1968 kamen dort bis 18 Zwergschnepfen auf 40 m^2 Schlammfläche vor (Frieling & Höser 1971). Im August 1980 z.B. waren täglich 10–13 Limikolenarten anwesend. Auch in der Periode des späteren Aufwuchses von Weichholz-Auenwald sammelten sich dort in vegetationslosen Uferbereichen noch große Limikolen-Mengen, z.B. im Herbst 1985 max. 51 Sandregenpfeifer, 24 Waldwasserläufer, 188 Alpenstrandläufer (Rost et al. 1987), am 21.09.2001 u.a. 51 Kampfläufer und am 06.10.2001 u.a. 54 Dunkle Wasserläufer. Am 05.09.2008 rasteten dort und an den benachbarten Teichen 5100 Kiebitze. An den Rastplatz kamen außer den Scharen der alljährlich regelmäßig auftretenden Limikolen-Arten auch wenige oder einzelne, die hier nur bisweilen auftreten: z.B. Triel, Austernfischer, Stelzenläufer, Säbelschnäbler, Seeregenpfeifer, Mornellregenpfeifer, Regenbrachvogel, Knutt, Sumpfläufer, Doppelschnepfe, Thorswassertreter, Odinswassertreter. Daneben wurden Falkenraubmöwe, Spatelraubmöwe, Skua und ein Dutzend weiterer Arten, zumeist der Möwen und Seeschwalben, nachgewiesen (u.a. Steffens et al. 1998b, Rost & Grimm 2004).

▲ **147**
Kiebitzgruppe während einer Rast beim Mittsommerzug in einer Schmöllner Kiesgrube.

▲ **148** *Uferschnepfe*

▲ **149** *Zwergschnepfe*

▲ **150** *Zwergstrandläufer*

▲ **151** *Kampfläufer*

▲ **152**
Waldwasserläufer

Als regional wichtige Limikolen-Rastplätze für wesentlich kleinere Durchzügler-Gruppen stellten sich in den acht zurückliegenden Jahrzehnten auch die vier Fischteichgebiete der Region (Kap. 2.2 u. 3.1) und bis 1990 der Limpitz-Stausee bei Brandrübel heraus. Der Letztere wurde jährlich im Herbst etwas abgelassen, wodurch breite, von Limikolen besuchte Schlammflächen entstanden.
Auch Trupps seltener lebensraumtypischer Kleinvögel traten eine Zeitlang in großer Menge auf den schlammigen Sedimentflächen des Windischleubaer Stausees und Teichgebiets auf, z. B. solche des Wasserpiepers erstmals auffällig vom 27.10. bis 21.12.1962, dabei am 14.12. eine Ansammlung von max. 25 Vögeln der Art (Frieling 1964 b). Nochmals einen starken Durchzügler-Bestand dieser Art gab es in der Zeit November bis Ende Dezember 1971, so max. 80 rastende Vögel am 29.12.1971 auf der Schlammfläche des abgelassenen Stausee-Vorbeckens, dann dort einige überwinternde und anschließend max. 42 beim Heimzuggipfel im Februar 1972 (Frieling & Höser 1974). In der Folgezeit wurde der Windischleubaer Stausee wichtigster mitteldeutscher Rastplatz für Vögel dieser Art, so z. B. für 260 Vögel am 26.11.1983 (Steffens et al. 1998 b) und für 50 Heimzügler am 11.04.1986 (Rost et al. 1989). Auch die seltenen Heimzügler-Trupps des Rotkehlpiepers (Steffens et al. 1998 b) traten hier auf, so max. 22 Vögel am 08.05.1976.
Die frühen Sukzessionsstadien der Verlandungszone des Stausees Windischleuba waren in den 1960er und 1970er Jahren stellenweise von einer zeitweiligen Pflanzendecke aus Simsen, Zweizahn und Ampferknöterich beherrscht. Das zog im Herbst große Scharen von Rohrammern an, die dort Nahrung erwarben und von W. Kirchhof und D. Trenkmann für die Vogelzugforschung zahlreich mit Vogelringen der drei deutschen Ringzentralen versehen werden konnten.
Mit der Errichtung des Stausees in der Pleiße-Aue bei Windischleuba waren 1953 vorzügliche Bedingungen für den Aufenthalt zahlreicher Vogelarten der Feuchtlebensräume entstanden. Das machte den Ort zum Anziehungspunkt für viele

▲ **153** *Mornellregenpfeifer sind auf dem Durchzug von Mitte August bis September auf Stoppelfeldern seltene Gäste.*

▲ **154** *Bekassine*

mitteldeutsche Ornithologen (Höser 1980). So konnte hier in der Kulturlandschaft, die aus naturkundlicher Sicht heute ein durch Menschenhand weitgehend ausgeräumter Naturraum ist, dennoch das eindrucksvolle Vogeljahr beobachtet und dabei eine Reihe von bisher in Deutschland sehr selten angetroffenen Vögeln nachgewiesen werden. Als Beispiele sind die für Ostdeutschland ersten beiden Graubruststrandläufer (Kirchhof & Karg 1962, Frieling 1964a) zu nennen, die 1961 hier festgestellt wurden, und der 1962 hier erstmals als Durchzügler angetroffene seltene Terekwasserläufer (Frieling 1964b). Sicher haben geeignete optische Geräte und die Fähigkeiten der Vogelkundler der Region beträchtlichen Anteil an diesen Nachweisen. Inzwischen sind hier und an den Eschefelder Teichen ungefähr ein Dutzend Mal Graubruststrandläufer und ein halbes Dutzend Mal Terekwasserläufer nachgewiesen worden. Das regelmäßige Registrieren der Vögel im Bereich von Aue, Stausee und Teichgebiet Windischleuba ergab ein jahrzehntelang gut erfasstes Spiegelbild des Vogeljahres und bildete deutlich jene Vorgänge ab, die in der Vogelwelt des Fluss-Stausees und seiner Überschwemmungsbereiche stattfinden (Kap. 4.2 bis 4.4).

4.2 Limikolen auf überschwemmten Auenwiesen

Besonders von 1954 bis Mitte der 1960er Jahre zogen die bei Sommerhochwasser periodisch überschwemmten Auenwiesen im Stauwurzelbereich des Stausees Windischleuba neben mehreren hundert Stockenten und Lachmöwen auch zahlreiche Durchzügler der Watvögel an. Die dezimetertiefen Pfützen, die beim Rückgang des Hochwassers eine Zeitlang zurückblieben, und die oberen Bodenschichten der Wiesen boten diesen Vögeln offenbar reichlich tierische Nahrung (z.B. Zuckmücken-Larven, kleine Käfer, kleine Regenwürmer).
So kamen hier alljährlich im Juli/August neben Bekassinen auch Scharen von Bruchwasserläufern auf einer flach überstauten Wiese vor, so 150–160 am 13.–16.08.1955, ca. 200 am 26.–31.07.1957, davon ca. 80 auf einer ca. 0,5 ha großen Fläche, ca. 100 am 10.–13.07.1958 (Frieling 1962, 1963a, 1966) und ca. 50 am 12.08.1978. Die Bruchwasserläufer („Wiesenlimikolen") waren die auffälligsten Besucher dieser Auenwiesen-Bereiche, auch als sich ihre Anzahl in den späteren Jahren bei dort aufkommender Gehölz-Sukzession verminderte.

155 ▶ *Bruchwasserläufer*

4.3 Vögel am Mauserplatz

Am 03.07.1978 fiel am Stausee Windischleuba erstmals ein deutlicher Frühsommerzug-Gipfel im Bestand der Schnatterenten auf (33 Vögel, meist Erpel), was als Gründung eines Mauserplatzes gedeutet werden kann. Eine solche Ansammlung wiederholte sich jährlich in unterschiedlichem Maße, weitete sich ab 2009 aus und bestand ab 2018 regelmäßig aus 40–90 Zuzüglern. In dieser und den folgenden sommerlichen Rastperioden konzentrierten sich die Zuzügler auffällig beim dichten Bewuchs am flachen Uferstreifen der Wasserfläche, wo zeitweilig einige dieser Vögel Schutz und Versteck suchten. Unter ihnen stand ein sichtlich flugunfähiger Anteil der Individuen im Mauserstadium der Schwingen des Großgefieders (Köhler 1991). Der Aufenthalt nahe bei der schützenden Ufervegetation dauerte im Wesentlichen bis in den September. Das führte zu einer zeitlichen Vorverlegung des Jahresgipfels der Gesamtmenge rastender Schnatterenten von Oktober/Anfang November auf Ende September („Mauserzug"), d.h. näher ans vermutliche Ende der Mauserzeit (Höser 2024). Diese Funktion des Mauserplatzes entwickelte sich mit dem Aufwuchs des Röhricht-Gürtels in der Verlandungszone des nahrungsreichen, eutrophen Gewässers.

4.4 Röhrichte, Verlandungszonen, Ufergehölze und Wasserflächen als Vogel-Schlafplätze

Die flächenmäßig größten Röhricht-Bestände der Altenburger Region, die meist Schilf-Röhrichte, stellenweise Rohrkolben-Röhrichte sind, werden im Spätsommer und Herbst von Schwalben und Staren als Schlafplatz genutzt. In den 1960er und 1970er Jahren nächtigten an den Gewässern der Pleiße-Aue bei Windischleuba in derartigem Röhricht mehrere Tausend Rauchschwalben, z.B. >5000 am 09.09.1978, und hunderte Uferschwalben. Im September 1962 und 1963 kamen auch ca. 500 Schafstelzen, >1000 Bachstelzen und >300 Grauammern, um dort zu nächtigen. Ebenso suchten Stare diese Röhrichte als Schlafplatz auf, so ca. 70000 am 20.10.2002 am Stausee, ca. 50000 am 28.–30.10.2002 ebenda und an den Teichen bei Windischleuba. An Schlafplätzen auf Bäumen, die in der Pleiße-Aue das Flussufer oder die Teichlandschaft bei Windischleuba bzw. Haselbach säumen, sammeln sich gelegentlich kleine Gruppen der Rotmilane (dutzendweise) und Kormorane (bis 150 Vögel).

Auch der Weidenwald der Verlandungszone des Windischleubaer Pleiße-Stausees war zeitweise Schlafplatz großer Starenschwärme, so am 24.07.2000 und 04.–29.10.2000, als 40000 bis 80000 Vögel dieser Art dort nächtigten, ebenfalls am 07.10.2001, als ca. 40000 Stare morgens dort aufbrachen, wie auch 10000 bis 30000 Stare am 21. bis 29.09.2002. Bis in die 2010er Jahre übernachteten im Herbst in diesem Teil der Pleiße-Aue 20000 und mehr Stare. Auch Wacholderdrosseln nächtigten im Weidicht der Verlandungszone des Stausees, so am 17.11.1993 ca. 460 und am 28.01.2018 ca. 1100 Vögel der Art. Im Gebüsch am Röhricht-Rand des Eschefelder Großteichs hatten sich am 16.12.1978 ca. 550 Feldsperlinge am Schlafplatz versammelt.
Wahrscheinlich im November 1990 fanden sich 230 Saatgänse auf einem Schlafplatz auf der Wasserfläche des Stausees Windischleuba ein (Höser 2019), wo erstmals in lückenloser Periode von November 1993 bis Februar 1994 täglich nordische Saat- und Blässgänse nächtigten. Seither wird der Schlafplatz alljährlich von Saat-, Bläss- und Graugänsen aufgesucht, wobei die beiden erstgenannten im Spätherbst und Winter vorherrschen. Ihr Bestand am Schlafplatz betrug 3500 (2008/09) bis 33000 Vögel (1994/95), die sich zumeist auf den Stausee, in mehre-

157 ▶
Stare bei Haselbach

▲ **156** *Rotmilanschlafplatz*

▲ **158** *Mehlschwalben, die sich vor dem Wegzug sammeln.*

▲ **159** *Kormoran*

▲ **160** *Blässgänse*

▲ **161** *Tundrasaatgänse*

◀ **162**
Gänse mehrerer Arten am Rastplatz.

ren Jahren in kleineren Anteilen auch auf die unmittelbar benachbarten Teiche der Pleiße-Aue verteilten. Der größte Gänsebestand fand sich in den Herbst-Winter-Perioden 1993 bis 1996 am Schlafplatz ein. Die Saat- und Blässgänse kamen aus allen Richtungen, jeden Abend aber hauptsächlich aus zwei, drei benachbarten, die meisten aus südlicher Richtung.
Die zeitlichen Abstände zwischen den großen abendlichen Einflugwellen dieser Gänse ließen unter der Annahme eines vom Tageslicht synchronisierten Abflugs vom Ort ihres Einstands und einer Fluggeschwindigkeit von ca. 60 km pro Stunde vermuten, dass der Tageseinstand der meisten dieser Schlafgäste in den 1990er Jahren im böhmischen Egertal lag (Höser 1997 b). Im Laufe von drei Jahrzehnten nahm der Blässgans-Anteil an den Windischleubaer Schlafplatz-Besuchern deutlich zu und erreichte im Februar/März 1996 und im November 2012 – 2014 für einzelne bis wenige Tage die Mehrheit im Zwei-Arten-Gemisch. Mehr als 95 % der hier beobachteten Saatgänse gehörten den Tundrasaatgänsen an. Seit 2011 kommen im Spätsommer auch Graugänse (max. ca. 800) aus der umgebenden Region an diesen Schlafplatz (Höser 2019). Die Wasserfläche des Stausees Windischleuba war zeitweise, besonders 1973, auch regelmäßiger Schlafplatz für Lachmöwen (Tab. 4), am 07.10.1999 für ca. 1000 Vögel auf Seemitte.
Die Röhrichte sind für einige Schlafgäste auch wichtige Nahrungsorte. So nehmen dort z. B. Trupps von Bartmeisen kleine Nahrungspartikel von den Samenständen des Röhrichts oder von der Schlammoberfläche auf, wie z. B. 37 Vögel dieser Art, die am 30.11.2008 an den Windischleubaer Stausee-Vorbecken unzählige Partikel und kleine Käfer aus den Rohrkolben pflückten.

4.5 Vögel auf Nahrungsflächen im Offenland

Die regionalen Tageseinstandsgebiete der Gänsearten liegen im Herbst und Winter in einem südöstlich bis südwestlich an ihren Schlafplatz Stausee Windischleuba (Kap. 4.4) anschließenden Sektor, der über den Lohberg hinaus mindestens bis in die vorerzgebirgische Agrarzone reicht. Die Scharen hunderter bis tausender Saat- und Blässgänse, die an den Windischleubaer Gewässern (Tab. 4), wahrscheinlich auch auf den benachbarten Tagebauseen im Südraum Leipzigs nächtigten, wurden bei Kontrollfahrten zumeist 2 bis 20 km vom o. g. Schlafplatz entfernt

auf Maisstoppel, Raps- und Getreidesaat, gerodeten Zuckerrübenfeldern und Auengrünland angetroffen. Daneben suchen beide Arten wahrscheinlich auch weiter entfernte Nahrungsplätze auf (Kap. 4.4).
Besonders in der Nähe der Teichgebiete Haselbach und Windischleuba sammeln sich auf den Wintersaaten (Raps, Getreide) regelmäßig im Gebiet überwinternde Schwäne. So waren z. B. am 05.12.2005 in der Feldflur des Serbitzer Beckens 230 Höckerschwäne und 35 Singschwäne anzutreffen.
Auf frisch bearbeiteten Äckern treten auch Mornell- und Goldregenpfeifer auf. Von letzteren erschienen z. B. 50 am 22.03.1963 bei Borgishain (Frieling & Trenkmann 1965) und mehr als 50 am 27.10.1986 östlich des Deutschen Holzes. In der Zeit der herbstlichen Bodenbearbeitung sind auf den Äckern der Region auch Scharen von 300 bis 5 000 Saatkrähen anzutreffen, so z. B. auf einem Acker bei Altenburg am 28.11.1985 noch 3 200 Durchzügler und während der Frühjahrsbestellung ebenda am 12.03.1987 mehr als 4 000 Vögel dieser Art.
Im Ostpleißnischen Lösshügelland, schwerpunkthaft zwischen Ehrenhain, Ziegelheim und Waldenburg, sammeln sich seit den 1990er Jahren auf den Ackerflä-

163 ▶ *Seit einigen Jahren sammeln sich im Spätherbst auf nahrungsreichen Flächen der Ackerlandschaft hellmantelige Großmöwen, zumeist Vögel aus der Silbermöwen-Verwandtschaft, so Silber-, Mittelmeer-, Steppenmöwen in verschiedenen Alterskleidern.*

164 ▶ *Saatkrähen und zwei Dohlen als Wintergäste.*

▲ **165**
Raufußbussard, männlicher Altvogel.

chen regelmäßig in den Wochen nach der herbstlichen Bodenbearbeitung die Möwen mehrerer Arten. Das sind weit über große Flächen verstreute Nahrungsgäste, so Hunderte Lachmöwen und Sturmmöwen, gelegentlich auch >500 Großmöwen aus dem Silbermöwen-Komplex, nämlich Silbermöwen, Mittelmeermöwen und Steppenmöwen in unterschiedlichen Kleidern. In den 1980er Jahren kam es im Winter auf einer offenen Mülldeponie am Nordrand von Altenburg zur Konzentration von Lach- und Sturmmöwen. So hielten sich z. B. am 11.01.1986 dort 2 250 Lachmöwen und 2 150 Sturmmöwen auf (Rost et al. 1989). Seit den 1990er Jahren sammeln sich in erhöhtem Maße Gruppen von Silberreihern bei der Nahrungssuche auf den herbstlichen Wiesen und Saatflächen, so z. B. im Dezember 2024 bis 155 Vögel bei Langenleuba-Niederhain.
Bis zur Jahrtausendwende rasteten Schwärme hunderter Kiebitze auf den abgeernteten Feldern der Region (z. B. >1 200 am 30.09.2000 bei Pöppschen), besonders auch um Schmölln, was seither dort ausgeblieben ist. Der südwestliche Zipfel der Region, im Grenzgebiet zu den Kreisen Greiz und Zwickau, zeichnet sich durch große offene Agrarflächen im Wechsel mit kleinen Feldgehölzen aus. Hier, besonders in den Fluren um Großenstein, Beerwalde und Löbichau einerseits und Nischwitz und Großpillingsdorf andererseits, werden alljährlich zahlreiche wegziehende Vögel und Wintergäste beobachtet. Regelmäßig sammeln sich hier Goldregenpfeifer, Große Brachvögel, Raufußbussarde, Korn- und Wiesenweihen, Sumpfohreulen, Merline, seit wenigen Jahren in wechselnder Anzahl auch durchziehende Rotfußfalken. Von der letztgenannten Art waren es im August und September 2024 bis zu 80 Vögel.
In den 1970er Jahren hatten die Scharen rastender und überwinternder Berghänflinge im Gebiet stark zugenommen. Ende Dezember 1972 wurden bei Windischleuba max. 436 Vögel dieser Art gezählt (Frieling & Höser 1975 a) und besonders viele 1974 und 1975, als auf ca. 1 ha Feldfläche zwischen Gerstenberg und dem westlichen Rand des Stausees Windischleuba von November bis Januar die

166 ▶

Feldlerche im Frühling beim Singflug über dem Brutrevier.

167 ▶

Kornweihe, weiblicher Vogel in der Offenlandschaft bei Löbichau/Drosen. Die Art wird als Durchzügler und Wintergast seit den 1960er Jahren hier alljährlich beobachtet.

168 ▶

Jungvogel der Steppenweihe, unregelmäßiger Durchzügler im September.

Samen von Ackersenf, Ackerhellerkraut und Hederich hunderten Berghänflingen als Nahrung dienten. Im Januar 1975 kamen auf demselben Feld bis 2000 Vögel dieser Art zusammen (Frieling & Steinbach 1977). 650 Berghänflinge hielten sich am 30.11.1985 im Brachgelände des Tagebauvorfelds bei Schnauderhainichen auf (Rost et al. 1987). Auf Maisstoppel am Lohberg hatten sich am 03.03.2002 ca. 140 Heimzügler der Rohrammern gesammelt.

▲ **169**
Rastende Sumpfohreulen 2009 im Offenland des ehemaligen Wismutgeländes bei Löbichau.

4.6 Sichtbarer Vogelzug

Der agrarisch genutzte Teil des Altenburger Lösshügellands ist im Nordosten und Osten vom Waldgürtel umgeben, der aus Kammerforst, Pahnaholz, Deutschem Holz und Leinawald besteht. Wegziehende Vogelschwärme, die diesen Gürtel in westlicher oder südwestlicher Richtung verlassen, sind daher am benachbarten Stausee Windischleuba gut zu sehen. Im Frühherbst, besonders ab Oktober, sind dort tagsüber Scharen überwiegend westwärts ziehender Vögel, meist Kleinvogel-Arten, zu beobachten. Die sechs individuenreichsten Arten dieser Durchzügler sind in der Reihenfolge ihrer Häufigkeit Buchfink, Star, Feldlerche, Ringeltaube, Mehlschwalbe und Rauchschwalbe, was auch am westlichen Rand des betrachteten Gebiets festgestellt wurde (Weissgerber 2012).
Am 07.10.1985 konnte in 6 Stunden am Stausee Windischleuba der Durchzug von 10500 Buchfinken und 850 Bergfinken beobachtet werden (Rost et al. 1987). Eindrucksvolle Beispiele des sichtbaren Vogelzugs sind auch die beobachteten Scharen durchziehender Ringeltauben, so z. B. ca. 800 am 04.10.2010 bei Buscha sowie ca. 400 am 04.04.2013 beim Lohberg.

Im Frühjahr sind regelmäßig in einem Bach-Tal des Deutschen Holzes auffällige, im vielstimmigen Chor singende große Heimzügler-Trupps der Rotdrosseln zu hören. So traten dort z. B. am 31.03.1989 ca. 400 Vögel dieser Art auf. Solche finden sich dann auch für Stunden auf benachbarten Nahrungsplätzen ein, z. B. ca. 200 Rotdrosseln am 31.03.1976 auf einer Wiese der Windischleubaer Pleiße-Aue. Desweiteren fiel am 17.03.2022 ein Trupp von ca. 400 Vögeln derselben Art im Leinawald auf. In der Agrarflur nahe der Pleiße-Aue sammeln sich im Frühjahr Scharen von Feldlerchen: Am 06.03.1988 rasteten hier vor ihrem Weiterflug ca. 4000 Feldlerchen auf dem Acker des Lohbergs. An eisfreien Tagen Anfang März, anscheinend nach ihrem Winteraufenthalt neben Goldammern im Gebiet, erscheinen unter Feldlerchen auch Trupps von 20 – 40 Wiesenpiepern auf den bei Schneeschmelze nassen Ackerflächen.
Regelmäßig sind in der Agrarflur südwestlich von Schmölln um Mitte April durchziehende Ringdrosseln in den Feldhecken und Obstbaumreihen anzutreffen.

170 ▶
Rotdrossel

171 ▶
Wiesenpieper

◀ 172
Buchfink, männlicher Vogel.

◀ 173
Bergfink, männlicher Vogel im Schlichtkleid.

4.7 Außerbrutzeitliche Ansammlungen und Wintergäste

In auffallenden außerbrutzeitlichen Ansammlungen treten Waldohreulen von November bis März an Schlafplätzen in Laubbaumgruppen der Dorfränder und Parkanlagen auf. Diese Vögel sammeln sich an Plätzen nahe ihrer Nahrungsgebiete (z. B. bis 30 dieser Wintergäste im Februar und März 1987 in Windischleuba). Da das betrachtete Gebiet nur wenige winterüber beerentragende Gehölze hat, sind hier Seidenschwänze nur seltene, sich kurzzeitig aufhaltende Wintergäste, so z. B. ca. 50 am 12.01.2010 in Altenburg-Nord und ca. 60 am 26.01.2011 bei Windischleuba. Große Gruppen von Wacholderdrosseln suchen im Winter Nahrung bietende schneefreie Flächen auf, z. B. in Obstgärten (ca. 500 Vögel am 23.01.2004 am Stadtrand Altenburg, ca. 600 Vögel am 04.02.2006 in Pöschwitz), auf Wintersaaten (11.02.1984 ca. 850 Vögel bei Bocka, 24.12.2005 ca. 400 Vögel auf Rapsfläche bei Pähnitz), in Ebereschen-Gebüschen am Stadtrand von Altenburg (ca. 500 Vögel am 22.01.1996, ca. 1100 Vögel am 08.03.2004 und 28.01.2018).

174 ▶
Waldohreulenschlafplatz in der Stadt Schmölln.

175 ▶
Trupp überwinternder Seidenschwänze beim Fressen von Knospen.

◂ **176**
Wacholderdrosseln

◂ **177**
Erlenzeisige

◂ **178**
Alpenbirkenzeisig

▲ **179**
Fichtenkreuzschnäbel, 14.10.2017 an einer Vogeltränke am Schmollner Wartenberg.

Im Winter fallen stellenweise in der Region große Trupps von Erlenzeisigen auf, die in den Erlen-Kronen die Samen aus den Erlenzäpfchen fressen, z. B. 370 Erlenzeisige am 16.01.1985 im Leinawald (Rost et al. 1985) und 400 am 16.02.1997 in der Pleiße-Aue Windischleuba. Dem regionalen Baumbestand entsprechend werden in der Altenburger Region kaum Trupps dieser Art beim Erwerb von Fichten- oder Birkensamen angetroffen. Noch seltener wird ihr Erwerb von Kräuter-Samen, z. B. von Ampfern, beobachtet, jedoch regelmäßig der Verzehr von Blattläusen, so u. a. 230 Erlenzeisige am 06.10.1985 auf Schwarzer Heckenkirsche in der Pleiße-Aue bei Windischleuba.

In den 1980er Jahren traten Invasionen der Birkenzeisige auf, z. B. im Winter 1986/87, als in der Pleiße-Aue bei Windischleuba Trupps von 200 und mehr Vögeln dieser Art vorkamen, so z. B. 400 Birkenzeisige am 06./07.12.1986. Selten und oft nur kurzzeitig im Dezember/Januar wurden beim Stausee Windischleuba in den 1970er Jahren auch kleine Trupps von Ohrenlerchen (besonders 1970 und 1973) und Schneeammern als Wintergäste der Feldfluren nachgewiesen (Frieling & Höser 1973, 1975 b).

Im Herbst und Winter 2017 wurde die Invasion großer Trupps von Fichtenkreuzschnäbeln im Raum von Schmölln bis Ronneburg beobachtet. Diese Vögel waren in Friedhöfen, Parks und Hausgärten, wo es fruchtende Fichten und Blaufichten gab, nahezu allgegenwärtig. Nach dieser Zeit gab es in unserer Region keine nennenswerten Beobachtungen dieser Art mehr.

5 Ausblick

In den Lebensräumen der hier betrachteten Altenburger Region sind während der jüngst vergangenen Jahrzehnte bemerkenswerte Rückgänge im Brutbestand einer Reihe charakteristischer Vogelarten eingetreten. Das betrifft besonders Vogelarten des agrarischen Offenlands und des naturnahen Grünlands. Einige Arten sind in der Region nahezu verschwunden oder fehlen in ihren bisherigen charakteristischen Lebensräumen. Das sind Zeichen der heraufziehenden Krise der Artenvielfalt, deren großer Treiber die Landnutzungsänderung ist (Glaubrecht 2025), die zum Hauptproblem der Artenkrise, dem Schwinden von Lebensraum, führt. Auch Arten von Durchzüglern treten heute weniger häufig als in früheren Jahrzehnten auf. Noch sind die Gefahren des Artensterbens nicht ins öffentliche Bewusstsein gelangt oder werden unterschätzt. Die vorhandenen Naturschutzgebiete sind kaum wirklich konsequent geschützt und bewerkstelligt, kaum ausreichend groß, kaum miteinander verbunden und dürfen zumeist weiterhin unangemessen wirtschaftlich genutzt werden, z. B. in Laubwäldern oder naturnahen Landesteilen.

Die Natur der Region bedarf einer Wende des Umgangs mit ihr, indem sie nicht länger allem anderen untergeordnet wird, sondern ihr Raum gelassen wird für artenreiche und funktionierende Ökosysteme. Der Nutzungsdruck in der Landschaft ist zu senken. Großflächige, durch ökologische Korridore verbundene Schutzgebiete und eine umfangreiche Renaturierung geschädigter Ökosysteme außerhalb der Schutzgebiete sind dringend erforderlich. Ein paar schmale Blühstreifen an den Ackerrändern oder Wildblumenwiesen städtischer Straßenränder, Parks und Gärten genügen nicht.

◄ **180**
Großflächige strukturarme Agrarflächen in winterlicher Landschaft bei Drosen und Ingramsdorf.

Literatur

Arnold, P. & N. Höser (2022): Die Brutvögel des Natur- und Vogelschutzgebietes Eschefelder Teiche 1991–2020. – Actitis **51**: 3–30.

Arnold, P., N. Höser & R. Weissgerber (2020): Verlässt die Lachmöwe, *Chroicocephalus ridibundus* (L., 1766), als Brutvogel das Dreiländereck Thüringen/Sachsen/Sachsen-Anhalt? – Thüring. Ornithol. Mitt. **64**: 23–39.

Baade, H. (2012): Der Leinawald bei Altenburg. Geschichte, Forstwirtschaft, Flora und Waldvegetation. Beiträge zur Altenburger Landeskunde 1. – Naturkundemuseum Mauritianum, Altenburg.

Barthel, P. H. & T. Krüger (2018): Artenliste der Vögel Deutschlands. – Vogelwarte **56** (3): 171–203.

Bernhardt, A., G. Haase, K. Mannsfeld, H. Richter & R. Schmidt (1986): Naturräume der sächsischen Bezirke. – Sächsische Heimatblätter **32** (4): 145–228.

Bode, W. (2024): Waldendzeit. – KJM Buchverlag, Hamburg.

Busche, G. (1989): Niedergang des Bestands der Grauammer (*Emberiza calandra*) in Schleswig-Holstein. – Vogelwarte **35** (1): 11–20.

Dech, M. & N. Höser (2005): Kormoran (*Phalacrocorax carbo*) 2005 erstmals Brutvogel im Altenburger Land, Ostthüringen. – Mauritiana **19** (2): 367–368.

Flade, M. (1994): Die Brutvogelgemeinschaften Mittel- und Norddeutschlands. – IHW-Verlag, Eching.

Frick, S., H. Grimm, S. Jaehne & C. Unger (2022): Atlas der Brutvögel Thüringens. – Verein Thüringer Ornithologen e. V., Jena.

Frieling, F. (1958): Besondere Beobachtungen am Windischleubaer Stausee im Jahre 1954. – Beitr. Vogelkd. **5** (5/6): 301–303.

Frieling, F. (1962): Besonderheiten am Stausee Windischleuba 1957. – Beitr. Vogelkd. **8** (2): 142–143.

Frieling, F. (1963 a): Besonderheiten am Windischleubaer Stausee 1958. – Beitr. Vogelkd. **8** (4): 291–293.

Frieling, F. (1963 b): Besonderheiten am Windischleubaer Stausee 1960. – Beitr. Vogelkd. **8** (6): 440–442.

Frieling, F. (1964 a): Besonderheiten am Stausee Windischleuba 1961. – Beitr. Vogelkd. **9** (6): 429–432.

Frieling, F. (1964 b): Besonderheiten am Windischleubaer Stausee 1962. – Beitr. Vogelkd. **10** (3): 210–213.

Frieling, F. (1966): Zum Durchzug des Bruchwasserläufers, *Tringa glareola*, in Windischleuba. – Beitr. Vogelkd. **11** (5): 296–301.

Frieling, F. (1971): Die Bedeutung des Windischleubaer Stausees als Reservat für unsere Wildenten. – Abhandl. Ber. Naturk. Mus. Mauritianum Altenburg **7** (1): 31–48.

Frieling, F. (1974): Die Vogelwelt des Naturschutzgebietes „Eschefelder Teiche“ dargestellt auf Grund 100jähriger ornithologischer Forschung 1870–1970. – Abhandl. Ber. Naturk. Mus. Mauritianum Altenburg **8** (3): 185–288.

Frieling, F. & N. Höser (1971): Besonderheiten am Stausee Windischleuba 1967 und 1968. – Beitr. Vogelkd. **17** (6): 424–427.

Frieling, F. & N. Höser (1973): Besonderheiten am Stausee Windischleuba 1970. – Beitr. Vogelkd. **19** (6): 424–429.

Frieling, F. & N. Höser (1974): Besonderheiten am Stausee Windischleuba 1971. – Beitr. Vogelkd. **20** (3): 216–220.

Frieling, F. & N. Höser (1975 a): Besonderheiten am Stausee Windischleuba 1972. – Beitr. Vogelkd. **21** (1/2): 127–131.

Frieling, F. & N. Höser (1975 b): Besonderheiten am Windischleubaer Stausee 1973. – Beitr. Vogelkd. **21** (6): 447–451.

Frieling, F., N. Höser & R. Steinbach (1978): Besonderheiten am Windischleubaer Stausee 1976. – Beitr. Vogelkd. **24** (3): 153–156.

Frieling, F., N. Höser & R. Steinbach (1980): 25 Jahre Beobachtungsgemeinschaft Windischleubaer Stausee. – Die Besonderheiten 1977. – Beitr. Vogelkd. **26** (5): 245–248.

Frieling, F. & R. Steinbach (1977): Besonderheiten am Windischleubaer Stausee 1975. – Beitr. Vogelkd. **23** (5): 297–300.

Frieling, F. & D. Trenkmann (1965): Besonderheiten am Stausee Windischleuba 1963. – Beitr. Vogelkd. **10** (5): 396–399.

Frieling, F. & D. Trenkmann (1966): Besonderheiten am Stausee Windischleuba 1964. – Beitr. Vogelkd. **11** (6): 379–381.

Frieling, F. & D. Trenkmann (1967): Besonderheiten am Stausee Windischleuba 1965. – Beitr. Vogelkd. **12** (4): 257–261.

Gedeon, K., C. Grüneberg, A. Mitschke, C. Sudfeldt, W. Eikhorst, S. Fischer, M. Flade, S. Frick, I. Geiersberger, B. Koop, M. Kramer, T. Krüger, N. Roth, T. Ryslavy, S. Stübing, S. R. Sudmann, R. Steffens, F. Vökler & K. Witt (2014): Atlas Deutscher Brutvogelarten. – Münster.

Glaubrecht, M. (2025): Das stille Sterben der Natur. Wie wir die Artenvielfalt und uns selbst retten. – C. Bertelsmann, München.

Glutz v. Blotzheim, U., K. M. Bauer & E. Bezzel (1973): Handbuch der Vögel Mitteleuropas. Bd. 5: Galliformes und Gruiformes. – Akad. Verlagsges., Frankfurt/M.

Haase, G., I. Lieberoth & R. Ruske (1970): Sedimente und Paläoböden im Lößgebiet. – Ergänzungsheft **274** zu Peterm. Geograph. Mitt.: 99–212.

Hagemann, J. (1989): Rothalstaucher brütet auf einer Feldlache bei Borna. – Actitis **27**: 53.

Hagemann, J. & R. Steinbach (2015): Die Vogelwelt des Haselbacher Teichgebietes. – Mauritiana **27**: 130–214.

Hildebrandt, H. & R. Heyder (1933): Die Bauernornithologen des Osterlandes. – Beiträge zur Geschichte der Vogelkunde Sachsens und seiner Grenzgebiete II. – Mitt. Ver. Sächs. Ornithol. **4**: 38–56.

Höser, M. (2002): Ein Weichholz-Auenwald im Verlandungsgebiet des Stausees Windischleuba. – Mauritiana **18** (2): 161–170.

Höser, N. (1967): Das Vorkommen der Greifvögel (Accipitridae und Falconidae) im Kreis Altenburg. – Abhandl. Ber. Naturk. Mus. Mauritianum Altenburg **5**: 321–353.

Höser, N. (1980): 25 Jahre Windischleubaer Feldornithologie – Entwicklung und Ziele. – Beitr. Vogelkd. **26** (5): 241–244.

Höser, N. (1987): Erweiterung des Areals der Nachtigall, *Luscinia megarhynchos*, bei Altenburg. – Mauritiana **12** (1): 193–195.

Höser, N. (1989): Zur Brutverbreitung der Wacholderdrossel, *Turdus pilaris*, im Altenburger Land. – Mauritiana **12** (2): 365–374.

Höser, N. (1997 a): Die Brutvögel des Teichgebiets und Stausees Windischleuba: Übersicht über den Brutbestand 1953–1996. – Mauritiana **16** (2): 381–407.

Höser, N. (1997 b): Einzugsgebiet des Gänseschlafplatzes Windischleuba/Ostthüringen (*Anser fabalis, A. albifrons*) reicht wahrscheinlich bis Böhmen. – Mauritiana **16** (2): 451–453.

Höser, N. (2002): Zur Brutvogelfauna des Teichgebiets und Stausees Windischleuba: Übersicht 1997–2001. – Mauritiana **18** (2): 335–337.

Höser, N. (2004): Erste Brut des Seeadlers (*Haliaeetus albicilla*) in Thüringen. – Mauritiana **19** (1): 169–170.

Höser, N. (2008): Saatkrähe, *Corvus frugilegus* L., wieder Brutvogel im Altenburger Land. – Mauritiana **20** (2): 429–430.

Höser, N. (2011): Zur Brutvogelfauna 2007–2011 des Teichgebiets und Stausees Windischleuba. – Thüring. Ornithol. Mitt. **56**: 59–64.

Höser, N. (2019): Beobachtungen am Gänse-Schlafplatz (*Anser* spec.) Stausee Windischleuba. – Thüring. Ornithol. Mitt. **63**: 34–50.

Höser, N. (2020): Zur Entwicklung des Brutbestands der Beutelmeise, *Remiz pendulinus* (L.), im ostthüringischen Pleiße-Gebiet. – Thüring. Ornithol. Mitt. **64**: 44–49.

Höser, N. (2021 a): Brutbestand der Wasserralle (*Rallus aquaticus* L., 1758) abhängig vom Wasserstand. – Thüring. Ornithol. Mitt. **65**: 38–46.

Höser, N. (2021 b): Zur Brutvogelfauna 2012–2021 des Teichgebiets und Stausees Windischleuba. – Thüring. Ornithol. Mitt. **65**: 47–60.

Höser, N. (2022 a): Zur Brutvogelfauna 2022 in der Agrarlandschaft des Altenburger Landes (Ostthüringen): Rebhuhn, Wiesenpieper und Bluthänfling verschwunden. – Thüring. Ornithol. Mitt. **66**: 56–64.

Höser, N. (2022 b): Zum Rückgang der Tannenmeise (*Periparus ater*) im Altenburger Land. – Thüring. Ornithol. Mitt. **66**: 65–68.

Höser, N. (2024): Hohe Rastbestände der Schnatterente, *Mareca strepera* (L.) im Stauseegebiet Windischleuba in einer Periode starken Mauserzugs und Wegzugs. – Thüring. Ornithol. Mitt. **68**: 17–26.

Höser, N., M. Jessat & R. Weissgerber (1999): Atlas der Brutvögel des Altenburger und Kohrener Landes. Mauritiana **17** (1): 1–212.

Höser, N. & L. Köhler (2009): Aufschwung des Brutbestandes der Saatkrähe (*Corvus frugilegus* L.) im Altenburger Land 2009. – Mauritiana **20** (3): 647.

Höser, N. & L. Köhler (2018): Zur Entwicklung des Brutbestandes der Saatkrähe, *Corvus frugilegus* L., im Altenburger Lößgebiet. – Thüring. Ornithol. Mitt. **62**: 72–80.

Höser, N. & T. Pröhl (2010): Wiederansiedlung des Fischadlers, *Pandion haliaetus* (L.), im Altenburger Land, Ostthüringen: Brut auf Gittermast. – Thüring. Ornithol. Mitt. **55**: 35–38.

Höser, N. & R. Weissgerber (2018): Winterliche Häufigkeit der Wasservögel im Zeitzer und Altenburger Land und ihr Entwicklungsgang 1985 bis 2017. – Thüring. Ornithol. Mitt. **62**: 39–65.

Kaiser, K., M. Theuerkauf & F. Hieke (2023): Holocene forest and land-use history of the Erzgebeirge, central Europe: a review of palynological data. – E & G Quarternary Sci. J. **72**: 127–161.

Kirchhof, W. & W. Karg (1962): Zwei weitere Nachweise des Graubruststrandläufers, *Calidris melanotos* (Viell.) in Deutschland. – Journal für Ornithologie **103** (2/3): 287–288.

Knorre, D. v., G. Grün, R. Günther & K. Schmidt (1986): Die Vogelwelt Thüringens. – Gustav Fischer Verlag, Jena.

Köhler, L. (1993): Die Gebirgsstelze im Sprotteeinzugsgebiet. – Vortrag.

Köhler, L. (2010): Erster Brutnachweis des Bienenfressers (*Merops apiaster* L., 1758) im Landkreis Altenburger Land (Thüringen). – Mauritiana **21**: 282–283.

Köhler, L. & N. Höser (2017): Habitatwechsel der Sturmmöwe *Larus canus* im Altenburger Land. – Ornithol. Mitt. **69** (9/10): 351–356.

Köhler, P. (1991): Mauserzug, Schwingenmauser, Paarbildung und Wegzug der Schnatterente *Anas strepera* im Ismaninger Teichgebiet. – Ornithol. Anzeiger 30 (3): 115–149.

Lehmann, E. (1973): Das Altenburger Land. Werte unserer Heimat, Bd. 23. – Akademie-Verlag, Berlin.

Lumpe, J. & K. Lieder (2009): Ornithologischer Jahresbericht 2008. – Ornithol. Ber. a. d. mittl. Elstertal **2**: 3–72.

Pröhl, T. & R. Weissgerber (2022): Zur Brutansiedlung von Dohlen *Coloeus monedula* (L., 1758) im Landkreis Altenburger Land 1997 bis 2022. – Thüring. Ornithol. Mitt. **66**: 29–40.

Rost, F. (1989): Brutbestand von Gold-, Grau- und Gartenammer (*Emberiza citrinella, E. calandra, E. hortulana*) und vom Raubwürger (*Lanius excubitor*) in einem Untersuchungsgebiet südlich von Leipzig. – Mauritiana **12** (2): 361–364.

Rost, F. (2005): Ornithologische Besonderheiten in Thüringen 2004. – Mitt. Inform. Ver. Thüring. Ornithol. **27**: 1–30.

Rost, F. & H. Grimm (2004): Kommentierte Artenliste der Vögel Thüringens. – Anzeiger Ver. Thüring. Ornithol. **5**, Sonderheft: 1–78.

Rost, F., R. Steinbach & N. Höser (1987): Avifaunistische Besonderheiten im Pleiße-Wyhra-Gebiet 1985. – Mauritiana **12** (1): 197–201.

Rost, F., R. Steinbach & B. Vogel (1989): Avifaunistischer Jahresbericht für 1986 aus dem Pleiße-Wyhra-Gebiet.- Mauritiana **12** (2): 381–386.

Schmidt, P. A., W. Hempel, M. Denner, N. Döring, A. Gnüchtel, B. Walter, & D. Wendel (2002): Potentielle Natürliche Vegetation Sachsens mit Karte 1:200 000. – Materialien zu Naturschutz und Landschaftspflege, Sächs. Landesamt Umwelt u. Geologie, Dresden.

Steffens, R., R. Kretzschmar, & S. Rau (1998 a): Atlas der Brutvögel Sachsens. – Sächsisches Landesamt für Umwelt und Geologie, Dresden.

Steffens, R., D. Saemann & K. Grössler (1998 b): Die Vogelwelt Sachsens. – Gustav Fischer Verlag, Jena, Stuttgart, Lübeck, Ulm.

Steffens, R., W. Nachtigall, S. Rau, H. Trapp & J. Ulbricht (2013): Brutvögel in Sachsen. – Sächsisches Landesamt für Umwelt, Landwirtschaft und Geologie, Dresden.

Steinbach, R. (1982): Erfolglose Brut der Schwarzkopfmöwe, *Larus melanocephalus* Temminck, am Speicherbecken Windischleuba 1980. – Abhandl. Ber. Naturk. Mus. Mauritianum Altenburg **11** (1): 16.

Steinbach, R. (2005): Der Seeadler – neuer Brutvogel in Thüringen. – Landschaftspflege Naturschutz Thüring. **42**: 36–37.

Trenkmann, D. (1963): Das Vorkommen der Rallenvögel (Rallidae) im Kreis Altenburg. – Abhandl. Ber. Naturk. Mus. Mauritianum Altenburg **3**: 117–131.

Trenkmann, D. & W. Karg (1960): Das Vorkommen der Entenvögel (Anatidae) im Kreis Altenburg. – Abhandl. Ber. Naturk. Mus. Mauritianum Altenburg **2**: 106–165.

Weissgerber, R. (1997): Die Brutkolonien von Dohle (*Corvus monedula*) und Saatkrähe (*Corvus frugilegus*) im Süden des Burgenlandkreises. – Mauritiana **16** (2): 409–419.

Weissgerber, R. (2006): Erster Brutnachweis des Kranichs *Grus grus* in Thüringen: erfolgreiche Brut in einem ostthüringischen Tagebaurestloch 2006. – Anzeiger Ver. Thüring. Ornithol. **5** (3): 309–310.

Weissgerber, R. (2012): Zum herbstlichen Zug tags ziehender Vögel über Ostthüringen. – Anzeiger Ver. Thüring. Ornithol. 7 (2): 203–212.

Weissgerber, R. (2024): Über Veränderungen von Vogelbeständen in der Feldflur. – Thüring. Ornithol. Mitt. **68**: 47–63.

Weissgerber, R. & N. Höser (2014): Zum Vorkommen der Feldlerche *Alauda arvensis* Anfang der 1990er Jahre und 2013 im Altenburger Land (Ostthüringen). – Anzeiger Ver. Thüring. Ornithol. **8** (1): 29–37.

Weissgerber, R. & N. Höser (2021): Aufschwung der Brutzeitvorkommen von Rohr- und Zwergdommel im Altenburg-Zeitzer Lößhügelland. – Thüring. Ornithol. Mitt. **65**: 31–37.

Register der Vogelarten

Verweise auf Abbildungen sind *kursiv* gekennzeichnet. Diese Verweise nennen jeweils die Seite, auf der die Abbildung steht, auch wenn die Bildunterschrift mit der Artnennung sich auf der gegenüberliegenden Seite befindet.